A Day's Adventure in Math Wonderland

数学ワンダーランドへの1日冒険旅行

秋山　仁／マリジョー・ルイス 著
Jin Akiyama　　Mari-Jo Ruiz

秋山　仁 監訳　　松永清子 翻訳

近代科学社

◆ 読者の皆さまへ ◆

　小社の出版物をご愛読くださいまして、まことに有り難うございます。
　おかげさまで、㈱近代科学社は1959年の創立以来、2009年をもって50周年を迎えることができました。これも、ひとえに皆さまの温かいご支援の賜物と存じ、衷心より御礼申し上げます。
　この機に小社では、全出版物に対してUD（ユニバーサル・デザイン）を基本コンセプトに掲げ、そのユーザビリティ性の追求を徹底してまいる所存でおります。
　本書を通じまして何かお気づきの事柄がございましたら、ぜひ以下の「お問合せ先」までご一報くださいますようお願いいたします。

　お問合せ先：reader@kindaikagaku.co.jp

　なお、本書の制作には、以下が各プロセスに関与いたしました：

・企画：小山　透
・編集：小山　透、高山哲司
・組版：DTP（InDesign）／三美印刷
・印刷：三美印刷
・製本：三美印刷
・資材管理：田村洋紙店、三美印刷
・イラスト：フランセス・アラカラッツ
・広報宣伝・営業：冨高琢磨、山口幸治

・本書の複製権・譲渡権は株式会社近代科学社が保有します。
・ JCOPY 〈㈳出版者著作権管理機構　委託出版物〉
本書の無断複写は著作権法上での例外を除き禁じられています。
複写される場合は、そのつど事前に、㈳出版者著作権管理機構
（電話 03-3513-6969、FAX 03-3513-6979、e-mail: info@jcopy.or.jp）の
許諾を得てください。

序　文

　さかのぼってみれば、本書ができるまで約20年の歳月が流れています。そもそもの出発点は1991年に、NHKの夏休みの集中講座『高校実力アップ講座』（全30回）を担当したことでした。高校数学はサイン・コサイン、微分や積分、数列やベクトル、方程式など、難解な内容も含みます。それらを視聴者が好奇心をもって学ぶことができ、かつ大学入試レベルの問題を解く実践力を養うような番組をつくってほしいというのがNHKの要望でした。そこで"公式や解答を覚えさせて問題を解かす"という安易な教え方を排し、真に数学力が定着すると思われる教授法を採用することにしました。換言すれば、公式を自ら導けるようにするための論理性やアイディアを養い、また、問題を分析し本質を捉えることができるための数学的考え方を徹底的に習得できるように、番組制作では心掛けました。さらに、TVの特性を十分に生かした番組にしようと、諸々の数学的概念について五感を総動員して理解することができるように模型やCG、時には実験や物づくりを大幅に取り込みました。以来、年ごとに番組の対象視聴者は小学生、中学生、高校生と変化しましたが、この方針は変えずに現在放映されている『数学基礎』講座に至っています。

　このような活動を通じて、筆者が勤務する研究所の廊下や倉庫には数百点にのぼる、手作りの教具（模型、仕掛けやカラクリ、実験器具など）がギッシリ詰め込まれるようになりました。やがて全国各地から、研究所に算数・数学の教育関係者が頻繁に教具を参観しに訪れるようになり、嬉しい悲鳴の状態が続きました。

　そうこうしているうちに「すべての作品を一堂に展示し、みんながゆっくりと数学を楽しみながら学べるような展覧会を開いてほしい」と多数の声が寄せられました。そこで、これらの作品の多くを制作している、旭川にある東海大学芸術工学部の近くのデザインギャラリーで数学作品展"マセマティカル・アート展（MA展）"を開催することになりました。NHK、北海道新聞社や東海大学の協力のもとに約3週間にわたって開催され、当初の予想に反して、1万人を超える来場者があり、国内外の多数の都市から巡回展の申込みが舞い込

んでまいりました。とりわけ、熱心だったのは北海道網走市であり、そこでは一過性の巡回展ではなく常設展示をも視野に入れているとのことでした。教育委員会が廃校になった広大な小学校（旧嘉多山小学校）を永久無償貸与してくれることになり、また、地元の多くの人々の献身的な協力も得られることになりました。

　数年かけて準備をし、2003年7月に、算数・数学の面白さを体験する施設《オホーツク数学ワンダーランド（OMW）》がNPO法人ジオマの会の運営のもとにオープンしました。このようにして、風光明媚な網走湖から数キロの位置にある森の中の小学校がこどもたちの夢の舞台としてデビューすることになったのです。学校が休みの日は朝から晩まで算数・数学に興ずるこどもたちの歓声が響き渡る《数学ワンダーランド》は、静かな山里の中の不思議で楽しい知的空間になりました。網走のOMWは当初の目標を達成できたこともあり、3年間で閉館致しました。

　ワンダーランド設立と同じ頃、ユネスコからの全世界巡回展の依頼も舞い込んでまいりました。ユネスコは、西暦2000年を"世界数学年"と定めていました。それを受けて、フランスの数学者たちが中心になって世界中のこどもたち、特に開発途上国のこどもたちに数学の面白さや重要性を知ってもらうためのプロジェクト"数学を体験しよう（フェゾン・ド・マス）"を企画していたのです。私たちがたまたま日本国内で同様の趣旨の活動を展開していたので、ユネスコを通してその活動に参加しないかとお誘いを受けました。2004年6月にスウェーデンの国際青少年科学大会での展示を皮切りに、コペンハーゲンで開催されたICME 10（第10回数学教育国際会議）、フランスのオールリー科学館、……と世界中の70を超える都市を作品が巡回し、現在に至っております。巡回展に足を運んでくださった多くの方々から、「作品についてもっと詳しく知りたい」とか、「巡回展がまだまわっていない国の若者たちや、巡回展に来られなかった若者たちにも数学の面白さを知らせたい」という声を多数いただきました。

　そこで、書物の中で数学ワンダーランドを再現しようと考えました。世界中の1人でも多くの若者たちの目に触れてほしいと考え、まずは英語で執筆することにしました。本書では、単に定理や公式を模型や教具を用いて解説する

だけではなく、OMWや巡回展に実際に足を運んでくれた若者たちの体験や感想をもとに、インストラクター（学芸員）と若者たちとのやり取りを再現し、あたかも読者がワンダーランドに遊びに行った気持ちになれるように実況中継することにしました。本書の原著の英語版は2008年にシンガポールのワールド・サイエンティフィク社から出版されましたが、その翌年にはロシア語とタイ語による翻訳書が出版され、また、現在、スペイン語、中国語、フランス語、マレー語、インドネシア語、スロベニア語、ヘブライ語などによる翻訳が進められております。

　著者の1人が日本人であるにも関わらず、なぜ日本語版がないのかと多くの皆様方からお問合せをいただいておりましたが、それは単に筆者の怠惰によるものであります。しかし、今回、皆様からの御支援を得て近代科学社からめでたく邦訳版が出版されることになりました。それが本書です。1人でも多くの若者が本書を通して数学の面白さや有用性に気づくきっかけになれば望外の喜びです。また、いつの日か、世界のどこかに《数学ワンダーランド》が建設され、それが、ディズニーランドに負けない賑わいをもつ知的興奮のるつぼになることを心密かに夢見ております。

2010年1月　　秋山　仁

ようこそ、数学ワンダーランドへ！

　数学ワンダーランドは、2003 年に、本書の著者の 1 人である秋山仁教授が中心となって、日本の北海道につくられた、数学の模型や実験装置が溢れる体験型算数・数学の専門科学館です（2010 年 1 月現在は移転のため、閉鎖中）。人々、特に若者たちに数学の世界の不思議に気づき体感してもらおうという目的でつくられたものです。これらの作品の多くが、ユネスコの支援のもとに世界の各地へ出張展示され、大きな反響を呼んできました。

　本書のストーリーは、3 人の若者たちの数学ワンダーランドでの 1 日体験を中心に展開していきます。3 人は、インストラクターのガイドのもと、展示されている体験型模型を手にとり、実際に動かし、また館内で催されている様々な数学的な体験活動に参加しながらワンダーランドで充実した 1 日を過ごします。ワンダーランドで 1 日を過ごした 3 人は、数学のもつ美しさ、合理性、様々な応用に実際に触れ、自然に算数・数学を好きになり、この施設を去ることになるのです。

　本書は、数学の理論と模型を扱うジャンルの本の中でも、秋山教授が専門誌に発表した研究結果である変身立体、正四面体からつくるタイル張り模様（正四面体タイル定理）、ダブル充てん立体など、これまで他で紹介されたことのなかった斬新な題材を多数とりあげているという点で特筆すべき存在です。本書は読者に算数・数学の楽しみと最新の結果を伝え、自ずと考えさせるように書かれた本です。生徒・学生向けに書かれてはいますが、先生方、大人たちにも十分に参考になり、かつ体験型教授法の手引となる一冊です。

【原著者紹介】
秋山　仁
ヨーロッパ科学院会員
東海大学教育開発研究所所長
（NPO 法人）体験型科学教育研究所理事長

1991 年から現在に至るまで、NHK の TV 講座の講師としても広く知られる。TV 講座シリーズのために十数年間にもわたって製作した模型や教材をもとに、それらを改良、発展させたものが数学ワンダーランドに作品として展示されている。著作論文は、離散幾何、グラフ理論、立体幾何学などの多岐の分野にわたる。

マリジョー・ルイス（Mari-Jo Ruiz）
アテネオ・デ・マニラ大学数学科教授・理事

東南アジアの8カ国の数学会から構成される東南アジア数学会・元会長。専門はグラフ理論、オペレーションズ・リサーチ。フィリピン国の最優秀教師賞を何度も受賞している。

両著者はともに、2004年にデンマークで開かれたICME 10（第10回数学教育国際会議）を皮切りに世界各都市をまわるユネスコ主催の巡回展"Experiencing Mathematics"の組織委員でもある。また、両者はともに国際専門誌"Graphs and Combinatorics（Springer社）"の編集に携わり、秋山教授は編集委員長、ルイス教授は編集委員の1人として活動している。

目　次

1章　数学っておもしろい？ ………………………………………… 1
2章　太っちょ三角形とつぶれたベーグル ………………………… 7
3章　カッコイイ曲線たち …………………………………………… 27
4章　部屋いっぱいの直角三角形 …………………………………… 43
5章　音楽のなかの数学 ……………………………………………… 59
6章　パチンコの数学 ………………………………………………… 73
7章　最大公約数・最小公倍数自動製造機 ………………………… 81
8章　バームクーヘンとスパゲティとスイカと …………………… 89
9章　はらぺこさ(゛)んすう …………………………………………… 101
10章　円錐の断面 ……………………………………………………… 119
11章　紙ひねり ………………………………………………………… 141
12章　切ったり折ったり ……………………………………………… 157
13章　正四面体からつくる芸術的なタイル模様 …………………… 171
14章　高収納立体と超エコ容器 ……………………………………… 185
15章　リバーシブル立体 ……………………………………………… 203
16章　家路へ …………………………………………………………… 217

謝辞 ………………………………………………………………………… 225
注釈 ………………………………………………………………………… 227
参考文献 …………………………………………………………………… 229

1章　数学っておもしろい？

昼休みを知らせるチャイムが鳴った。
　それと同時に、男の子たちがそれぞれの教室から一斉に飛び出して、校庭に駆け出してきた。
　イチローは親友のジャイとキノを探した。
　すると、2人はケンタロウのまわりにできた人だかりのなかにいた。全員がケンタロウの話に夢中になっているみたいだった。
　「みんなが、あんなにおもしろそうに聞いている！　いったいぜんたい、ケンタロウはなんの話をしているんだろう？」イチローもみんなのなかに入って、ケンタロウの話を聞くことにした。

「本当に楽しかったぜ！　四角い車輪の三輪車に乗ったり、音階になってる階段を駆けおりたり、デッカイ滑り台で競争をして勝ったんだぜ、……」
ケンタロウは息つく間もなく喋り続けた。

「ケンタロウはどこに行った話をしてるの？」イチローが小声で聞くと、「数学ワンダーランドだってさ」キノが答えた。
「あー、またその話かぁ」イチローがそう言うと、
「どういう意味？」とジャイが不思議そうにイチローに聞いた。
「僕のおばあちゃんがさぁ、今朝、朝食のあいだ中ずーっとその話をし続けてたんだよ。テレビのニュースか何かで、こどもたちが数学のいろんな模型を楽しんでいるのを見たんだってさ」イチローはそう言うと、こう付け加えた「でもさ、数学におもしろいものがあるなんて、僕には全然想像できないけどね」
「数学は、それほどツマラナイもんじゃないよ」ジャイが反論した。
　イチローはあまり勉強しなくても成績が良いというタイプの生徒だった。けれど彼は数学にはほとんど興味がない。イチローにとって数学の授業は退屈なものでしかなかった。退屈すぎて寝ないでいることが難しいときだってあった。そのうえ、数学の宿題ときたら、えらく時間を食って、コンピュータ・ゲームをしたり、TVを見たり、おもちゃのロボットを分解したり組み立てたりするイチローの趣味の時間を大幅に減らしてしまうのだ。
　それに対して、キノは何に対してもすぐ興味を示し、行動にうつすタイプだった。なので、キノは、イチローの肩を叩いて「今度の週末に、数学ワンダーランドに行ってみようよ」と言った。
「いいねぇ」ジャイが賛成した。イチロー自身はその時まで行ってみようとは思っていなかったのだけど、
「2人の親友と一緒なら楽しそうだなぁ」と、一緒に行くことにした。

　次の週末になって、イチローとキノとジャイはバスに乗って、一見なんでもなさそうな２階建ての建物にやって来た。
　「ここが本当に僕たちの来たかった場所なのかな？」キノが不思議がった。
　キノがドアのところまで歩いて行き、そのあとをイチローとジャイが付いていった。
　３人が上を見上げると

 数学ワンダーランド

と書かれた看板が目に入った。
　「本当におもしろいのかなぁ？　ここに来たのは時間の無駄になっちゃうかもしれないなぁ」と思いながら、３人はそーっとドアを押しあけた。
　館内に入ると、たくさんのこどもたちの興奮した甲高い声が耳に飛び込んできた。

2章　太っちょ三角形と
つぶれたベーグル

「ようこそ数学ワンダーランドへ」

ドアのところで、3人の少年たちは1人の若いお姉さんに挨拶された。彼女は胸にケイコというネームプレートを付けていた。彼らの目がまっさきに釘づけになったのは彼女が履いているローラースケートだった。

「変な形の車輪だなぁ。つぶれたベーグルみたいな形をしているよ」キノが感想を漏らすと、

「車輪の中央に正方形の穴があいていて、そのなかで、太っちょな三角形が回転しているぜ」とイチローが付け足した。

車輪をじっくり観察していたジャイが、さらにこう付け加えた。「車輪が回転すると、内部の太っちょ三角形が正方形の辺上のほぼすべての点に接しながら回転しているよ」

「すごーい。いままでこんな車輪を見たことないよ」と言いながら、キノは心のなかで"どこでこんなスケート靴が買えるんだろう"と思っていた。

キノがそれを聞こうとしているとケイコがこう言った：

「君たち、これと同じスケート靴を借りて館内を滑りながらまわることができるわよ」

彼女は、少年たちをスケート靴の貸し出しカウンターに連れて行った。彼らはその靴を履いて早く展示ルームをまわりたくてたまらなくなっていた。スケート靴を履くと、スケート靴はガタガタすることなく滑らかに彼らの体を運んだ。

「どんな仕組みになっているのかなぁ？」イチローが尋ねると、「じゃあ、それを確かめに行きましょう。私に付いてきて」ケイコはそう言うと、彼らを2階の、とある部屋に連れて行った。

そこには、太っちょ三角形やつぶれたベーグルのような物体がどっさりあった。その部屋の扉のよこに立っている立て札には、こう書かれていた。

定幅図形

その部屋の一角には、色々な形のマンホールの穴とマンホールのふたのミニチュアが展示されている。それらの形は、

　　　　円、太っちょ三角形、正方形、台形、三角形

だった。

　ケイコは、その部屋にいたインストラクターのお兄さんに少年たちを頼んで去っていった。
　「ようこそ！　僕のことはコージと呼んでください」インストラクターのお兄さんはそう言うと、「さぁ、ふたを手にとってマンホールの穴の上で動かしてみよう。何が起きるか自分の目で確かめてごらん」と少年たちを促した。

彼らはそれぞれ違う形のマンホールのふたを手にした。ジャイは正方形のふただ。

「ほら、見てよ。ふたが穴のなかに落ちちゃうよ」ジャイは2人に声を掛けた。

「どうして落ちちゃうのかな？」コージが3人に尋ねるとジャイはその質問にすぐに答えた。

「当たり前だよ！ だって、正方形の辺の長さは対角線の長さより短いでしょ。僕はマンホールの対角線の方向にふたの1辺を向けたから落ちちゃったんだよ」

3人のなかで、ジャイが一番分析力にすぐれているのだ。

イチローとキノは自分たちも何か発見しようと一生懸命になっていた。

「三角形と台形のふたも下に落ちちゃう。だけど、円と太っちょ三角形はどんな向きになっても穴の下には落ちないよ」イチローが観察結果を伝えると、キノは「円と太っちょ三角形、この2つの形には何か特別な性質があるのかなぁ？」と疑問を口にした。

それを聞いたコージは、「この2つの形は、定幅曲線で囲まれた形、定幅図形なんだよ」と言うと、彼は定幅図形について解説したポスターを少年たちに見せた。

定幅図形

　図形を2本の平行な直線ではさんだとき、その2本の直線の距離を、その図形の幅といいます。
　そして、図形を2本の平行な直線で色々な方向からはさんだとき、2本の直線の距離（図形の幅）がはさんだ向きによらずにいつも一定な図形を定幅図形といいます。円やルーローの三角形は定幅図形です。

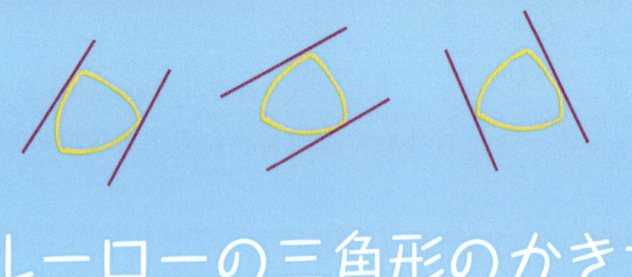

ルーローの三角形のかき方

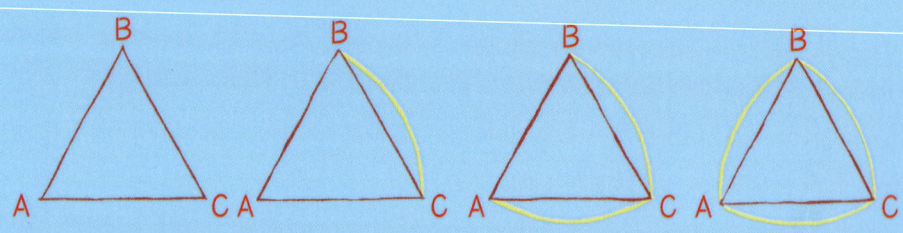

まず正三角形ABCをかきます。

次にAを中心とし、三角形の辺の長さを半径にする円弧BCをかきます。

さらに、Bを中心とした円弧CAとCを中心とした円弧ABをかきます。これでルーローの三角形のできあがり。

　「ルーローの三角形……あぁそうか、この太っちょ三角形はルーローの三角形っていう名前なんだね」キノがそう呟いた。

ローラースケートのタイヤの形
（つぶれたベーグル）のかき方

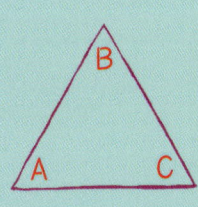
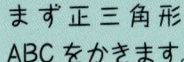
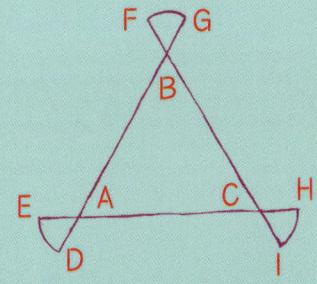
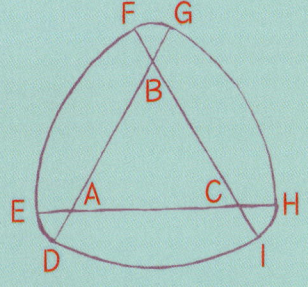

まず正三角形ABCをかきます。

それぞれの頂点で、両方向に同じ長さずつ辺の長さを延長します（この図でいうとAD=AE=BF=BG=CH=CI）。
次に、Aを中心とする円弧DE、Bを中心とする円弧FG、Cを中心とする円弧HIをかきます（このとき、これらの円弧はみな合同です）。

次に、Cを中心とする円弧FE、Aを中心とする円弧GH、Bを中心とする円弧IDをかきます（このとき、これらの円弧はみな合同です）。このようにしてかかれた図形は定幅図形です。

コージが模型を使って、幅が一定だという意味を具体的に説明してくれた。いくつかの図形を、2本の平行線のあいだで転がしてみせてくれたのだ。すると、円とルーローの三角形は常にこの平行線に接しながら1回転したのに対して、正方形は、そうならなかった。

　コージはこうコメントした。「定幅図形をコロにして、上に板をのせたとしよう。いまの実験から、円やルーローの三角形のコロを転がしても、板は水平を保ったまま平行移動するよね」
　「ハイ」3人がうなずくと、コージーはさらに続けた。「そして、いま見たように、回転しているとき円の中心は常に一定の高さを保っていたよね。だから、タイヤの形が円のときは、円の中心に円形の回転軸をとり付ければいいんだ。でも、ルーローの三角形や、つぶれたベーグルのような形をしたタイヤを回転させると、三角形のヘソの位置にある点が一定の高さを保たない。だから、軸の部分を工夫しなけりゃいけないんだよ」
　「それだから、このローラースケートでは、中央の正方形の枠のなかを太っちょ三角形の軸がまわることによって、タイヤがつぶれたベーグルの形をしていても地面から一定の高さを保つように工夫がされているというわけなんですね」ジャイがズバリと冴えたことを言った。

「君たちのスケート靴(ぐつ)も、上下にガタガタしないでスムースに動いているでしょ？」コージの言葉に3人はコクリとうなずいた。
　「ところで定幅図形(ていふくずけい)には、他にももっと違う形のものがあるんですか？」キノが質問した。

　「ルーローの三角形をえがくとき、正三角形から出発してえがいたよね。正五角形や正七角形から出発して同じ手順でかくと、やっぱり定幅図形(ていふくずけい)がかけるんだよ」
　コージはそう言いながら、外国のコインが入った標本をとり出した。
　コインの1つは、ルーローの三角形の形をしていた。もう1つは、ルーローの七角形の形をしたイギリスの古いコインだった。

その部屋の別の一角には、

四角い穴

と書かれていた。コージがその場所に3人を案内してこう言った。
　「このマシンはすごいんだよ。なんと、四角い穴をあけることができるドリルなんだ！」
　「本当！？」イチローがビックリした声で言った。ジャイとキノも、"信じられないよ"という顔をしている。
　「さぁ、君たちのなかの1人に手伝ってもらおう。生け花に使われる"オアシス"という硬いスポンジに、このマシンで穴をあけてみよう」
　コージがそう言うと、イチローが「自分が手伝います」と言わんばかりに一歩前にせり出して、マシンをじっと見つめていた。彼はメカ・マニアなのだ。
　ドリルの刃はルーローの三角形をもとに設計されていて、太っちょ三角形の骨組みのような形をしている。コージがマシンのスイッチをオンにすると、ドリルの刃は正方形の補助枠（わく）のなかで動きはじめた。左上から右上へ、そして右下へ、底辺を通って左下へさらに左上へ、……と、ドリルはオアシスを削っていった。その様子（ようす）はまさに、3人が履（は）いているスケート靴（ぐつ）の車輪の中央の太っちょ三角形の回転軸（じく）の動きと同じだった。
　ドリルの刃は、正方形の4隅（すみ）をわずかに残して、正方形の4辺のほぼすべてに接しながら動いていた。
　「さあ、そのまま、もう少し続けて」
　コージの指示にイチローが従っていると、しばらくしてスイッチがオフにされてドリルの刃が動きを止めた。
　さぁ、どんな穴があいているのか？

少年たちが固唾を飲んで見守っていると、正方形の穴があいていた（厳密にいうと、4隅がほんの少し丸まっていたが）。
　「すごーい！」少年たちはハモっていた。

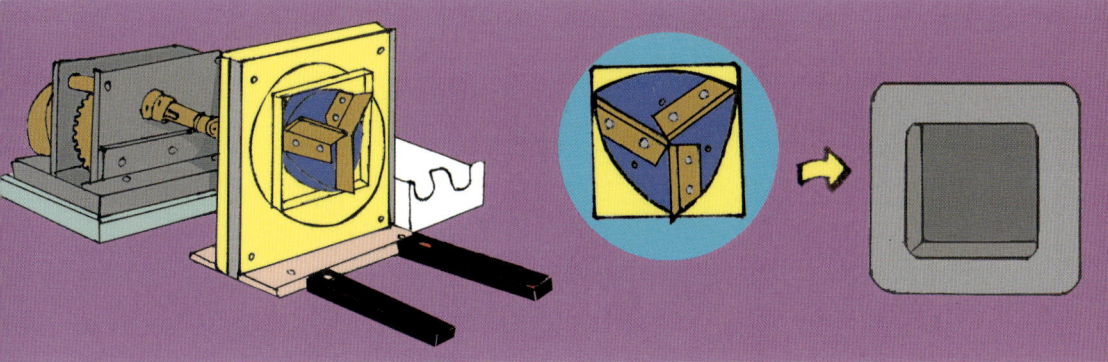

　隣りのマシンには、

六角形の穴

という表示が付けられていた。
　そのマシンの刃は、太っちょ五角形（ルーローの五角形）の骨格のような形をしていた。3人はそれを見ると、
　「わかってますよ！　このマシンは六角形の穴をあけるんでしょ」と確信しきっていた。今度はキノがドリル実験の手伝いをした。

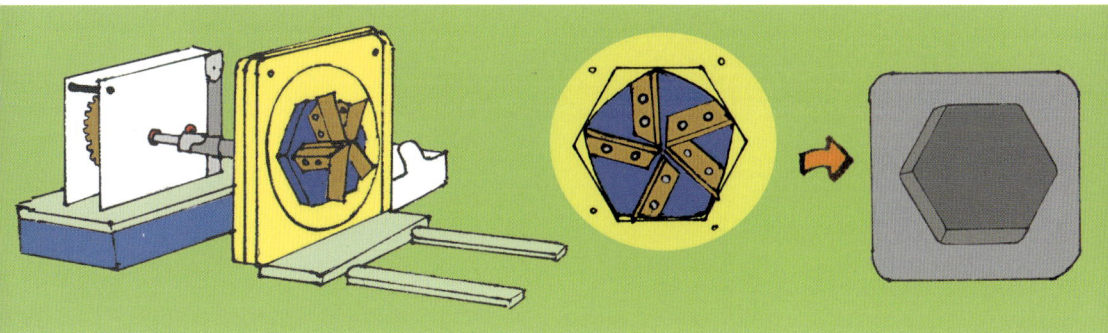

そんななか、ジャイは、他の2人よりもさらに進んだことを考えていた。ジャイに閃めきの瞬間が舞いおりたのだ。
「太っちょ三角形の刃で正方形の穴があいた。太っちょ五角形の刃で正六角形の穴があいた。わかったぞ！　太っちょ七角形の刃なら正八角形の穴があく……つまり、太っちょ奇数多角形の刃を使うと、それより1つ辺の本数が多い偶数多角形の穴があくんでしょ？」
　ジャイは、自分の発見に興奮していた。
「まさに、そのとおりだよ」コージが、健闘をたたえるかのように言った。
「でもさぁ、奇数多角形の穴をあけるマシンはないの？」イチローが疑問を口にした。
「あるよ。ワンダーランドには、三角形の穴をあけるマシンと、五角形の穴をあけるマシンがあるんだ。でも、それらのドリルの刃の形は定幅図形ではないので、このコーナーには置いてないんだよ。道草になるけど、見に行こうか」コージはわざわざ3人を別の場所に案内して、2つのマシンを見せてくれた。

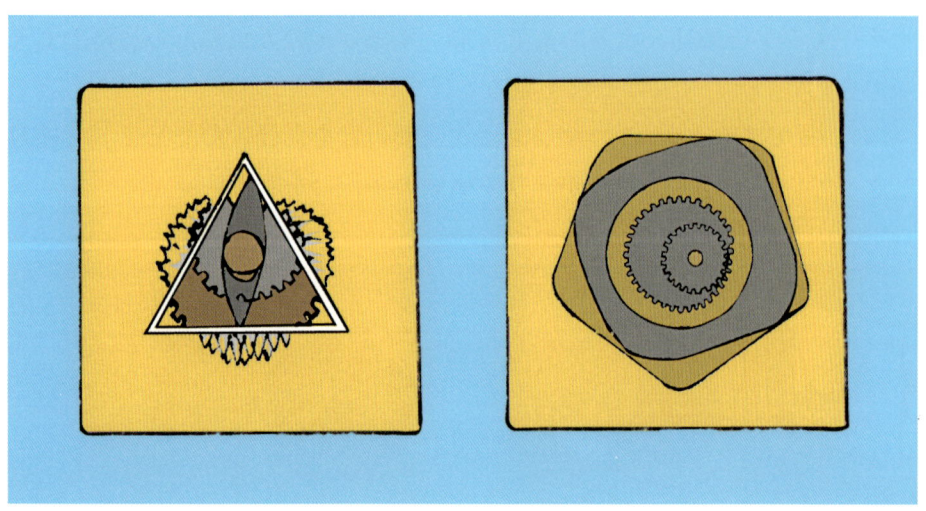

「定幅図形の部屋に、まだ見てなかったものがあるから、戻ろうね」コージが3人に言った。部屋に戻ると、3人は別の模型のところに案内された。その模型のよこには、

"これは、自動車で実際に使われているロータリー燃焼エンジンの模型です"

と書かれてあった。

「また、太っちょ三角形がいるぞ。くびれたまゆ型のカプセルのなかに入っているよ」キノが言った。

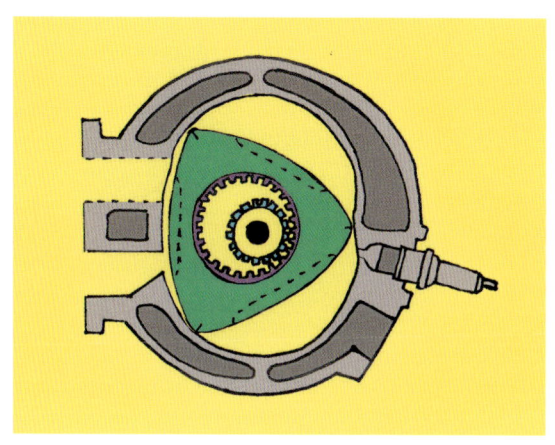

「そうだね。このカプセルはエンジン内部の模型でね、ルーローの三角形が、このなかで回転するんだよ」コージは続けた。

「エンジン内部のまゆ型は"エピトロコイド曲線"という形をしているんだよ。このポスターを見てごらん」と言って、色々なエピトロコイド曲線を紹介するポスターを示した。

エピトロコイド曲線

固定されていて動かない半径aの円Aと、それに外接する半径bの円Bをかきます。BがAのまわりを回転しながら滑らずに進む時、Bに連動して動く点Pがえがく曲線をエピトロコイド曲線といいます。

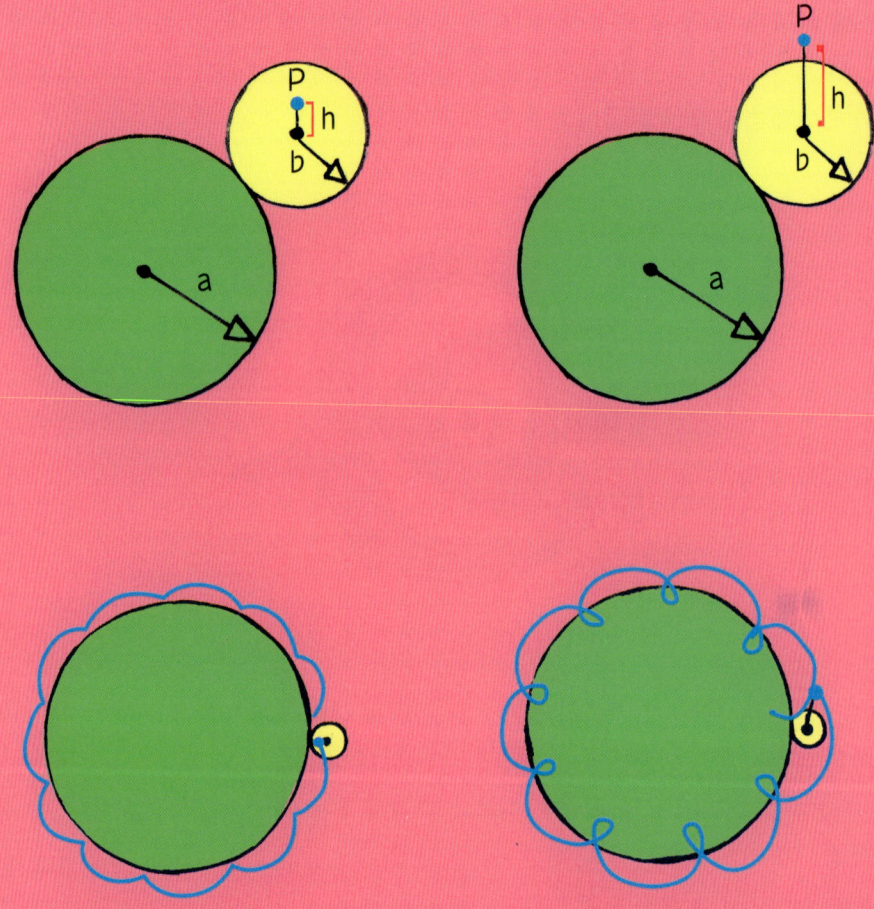

色々なエピトロコイド曲線

点Pを、円Bの中心からhの距離にある点だとします。a、b、hの値を変えることによって、エピトロコイド曲線の形は七変化します。

a=1, b=0.2, c=0.1　　a=1, b=0.4, c=1.2　　a=1, b=0.6, c=0.6

 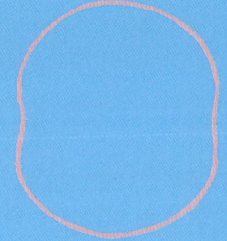

a=1, b=0.8, c=2.6　　　a=1, b=0.5, c=0.25

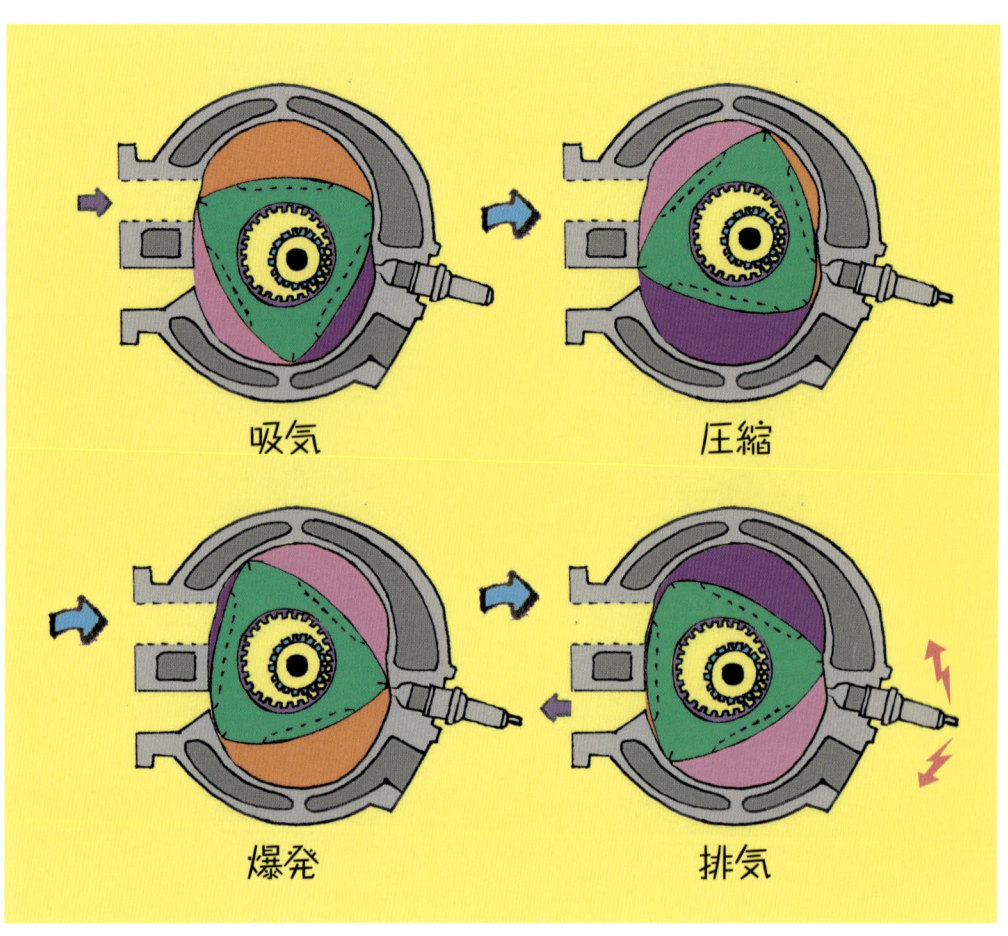

コージがロータリー燃焼エンジンの仕組みを説明しはじめた。「ほら、エンジンの内部で回転するルーローの三角形の３頂点は、まゆ型の内部に常に３点で接していて、内部を３つの部屋に分けているよね。ルーローの三角形がまわると、それぞれの部屋が交互に広がったり縮んだりするだろう？」

　彼は模型を動かしながら解説を続けた。「まず、吸気する部屋が拡大すると左側から燃料を含んだ空気が吸入される。ルーローの三角形がまわり続けると、その部屋が縮められ、吸引した混合物が圧縮され、それが点火プラグのほうに押し出される。そして、燃料が点火されると爆発が起こる。そこで生まれた力がルーローの三角形を右まわりに回転させ、車を動かす動力となるんだ。次に溜まった排気ガスが外に押し出されてルーローの三角形はもとの状態に戻る。この一連のプロセス（吸気・圧縮・爆発・排気）が繰り返されて車を動かす力を生み出し続けているんだよ。ここで注目すべき点は、ルーローの三角形の３頂点が回転しながら常にまゆ型の内部に接しているという図形的な性質だよ。そうでなかったら、せっかく吸気した燃料とガスが途中で漏れて、燃焼効率が悪くなるからね」コージは説明をおえた。

　イチローはいまの説明を完全には理解できなかったが、ルーローの三角形が色々なところで実際に使われている便利なものだということは十分に実感できていた。他の２人も同じだった。

　少年たちはコージにお礼を言うと、"もっと色々なものを見たり試したりしたいなぁ"と思いながら、次の部屋に移動した。

3章　カッコイイ曲線たち

3人の少年たちは、こどもたちが声援を送り歓声をあげているほうに引き寄せられていった。
「何をやっているのか見に行こう」イチローが提案した。
「楽しそうだなぁ」キノもそう言って賛成した。
　その部屋に入ると、4台の大きな滑り台が目に飛び込んできた（31ページのイラスト）。3台の滑り台はカーブしていて、残りの1台は直線だった。
　4人のこどもたちがその滑り台を使ったレースをするために、それぞれの滑り台の上で、「ヨーイ・ドン」のスタートの合図を待ち構えていた。

「直線の滑り台が一番速いと思うな」キノが自分の考えを口にした。
「だって、2点間を結ぶ最短の経路は直線だって習ったよね」
　だが、イチローとジャイは確信が持てなかった。
「まぁ、ともかくレースの結果を見届けようよ」ジャイが言った。
　インストラクターのお兄さんがスタートの合図を出すと、4人は一斉に滑りはじめた。結果は、左から2番目のカーブした滑り台が1着だった。
　4人が滑りおわると、次の4人組が既にスタンバイしていた。
　3人は2組目のレースも見たが、やはり今回も左から2番目の滑り台が1着だった。
「ただの偶然かなぁ？」イチローが不思議がった。
　3人は3組目のレースも見たが、やはり結果は同じだった。

「どうしてなんだろう？」

「わかる？」

　3人は顔を見合わせた。

　滑り台レースを担当しているインストラクターのお兄さんはミキという名前だった。ミキは、次のレースに参加するこどもを募っていた。3人の少年たちは速攻で名乗りをあげて、見学者のなかから選ばれたもう1人の少年と4人でレースをすることになった。

　4人がスケート靴を脱ぐと、ミキが1人1人の重さを量った。そのあとミキは、4人の重さが大体同じになるように、彼らのポケットに砂袋を入れ、次にスムースに滑るためにお尻の下に敷くマットのようなものを配った。3人の少年たちはみな、左から2番目の滑り台で滑りたかったが、ミキが、イチローにその滑り台を当てがった。

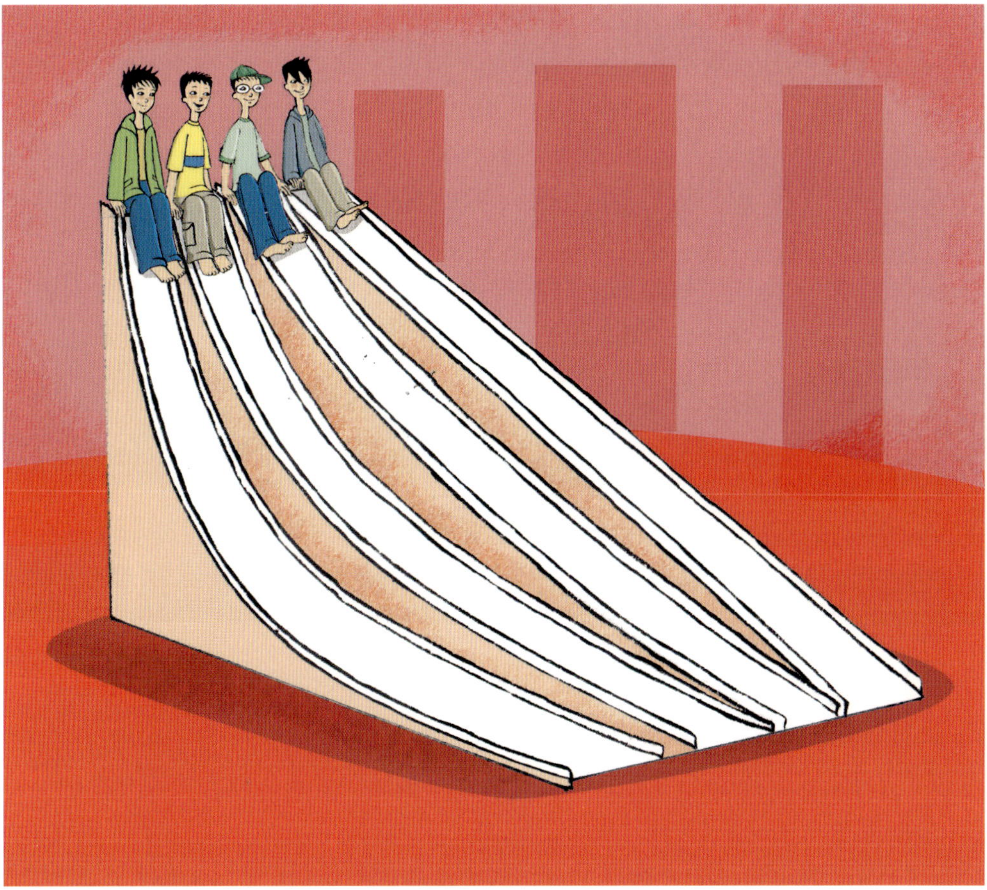

レースは予想されたとおりに、イチローが勝った。彼らはミキのところに行って、
　「どうして、左から2番目の滑り台が一番速いのか、教えてください」と頼んだ。
　「この左から2番目の滑り台は、特別な曲線の形をしているからなんだよ。この曲線はサイクロイドと呼ばれる曲線なんだ」ミキはそう言うと、3人を壁に貼られたポスターのところに連れて行った。

サイクロイド

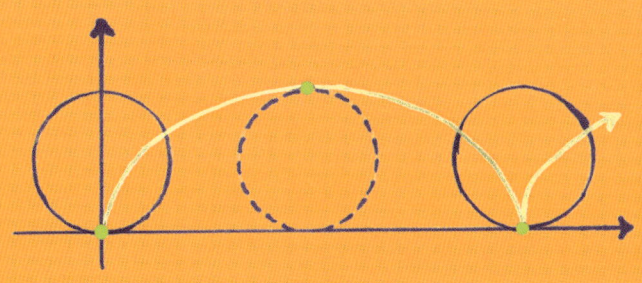

円周上に、どこでもよいので、しるしを付けます（それを点Pと呼ぶことにしましょう）。円が直線上を回転しながら進む時、点Pがえがく曲線をサイクロイドといいます。

最速降下線

2点を結ぶ曲線は無数に考えられます。重力が働く空間で、物体が高低差のある2点間を曲線に沿って降下するとき、所要時間が最短になる曲線は何でしょうか？このような性質をもつ曲線を最速降下線と言いますが、その曲線はサイクロイド（上の図の曲線の上下を逆にしたもの）であることが知られています。この事実は、スイスの数学者ヨハン・ベルヌイによって1669年につきとめられました。

等時曲線

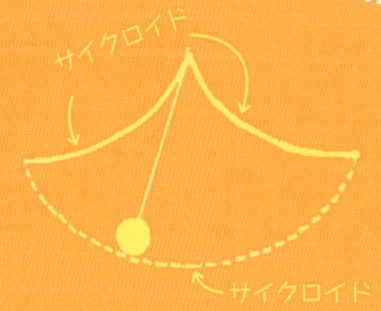

（上の図の上下をひっくり返した）サイクロイドの滑り台を物体が降下するとき、サイクロイド上のどの点から出発してもサイクロイドの最下点に到着するまでの所要時間はいつも同じになる、という不思議な性質がサイクロイドにはあります。この性質をもつ曲線を等時曲線といいます。この性質は、1673年にオランダの科学者クリスチャン・ホイヘンスによって発見されました。彼は振り子時計の設計にこの性質を用いました。すなわち、上下逆さにしたサイクロイドに沿って揺れる振り子が2つの合同なサイクロイドの半分の形をした境界のあいだを往復するという振り子時計を考えたのでした。そのようにすれば、その振り子は振幅によらず、（ほぼ）一定の時間で揺れ続けるようになるからです。

「この部分について、もっと詳しく説明してくれますか？」

ジャイは、ポスターの最後に紹介されている"サイクロイドは等時曲線である"ということについて知りたがっていた。

インストラクターのミキは、「この性質についてキチンと説明すると、微分方程式の知識が必要になるから、まだ君には難しいね。そのかわりに、どういう性質なのかを、実際に目で見て確かめてみようね」と言うと、3人を連れて滑り台のところに戻った。

「よし、誰か1人、左から2番目のサイクロド滑り台の上から滑りおりてもらおう」ミキが言うと、キノはその役を素早く買って出た。

「下に滑りおりるまでの時間を計るよ」キノは、滑り台のテッペンから下まで1.34秒で滑りおりた。

「君に、もう一度滑りおりてもらおう。ただし今度は$\frac{3}{4}$の高さの位置から滑りおりてもらうよ」キノが言われたとおりにすると、今度の所要時間もまた同じ1.34秒だった。

「うぁー、びっくりだなぁ」イチローが声をあげた。ジャイも同じことを思っていた。

「じゃあ、今度は半分の高さからスタートしてみて」とジャイがリクエストを出した。そのとおりやってみると、所要時間はやはり同じく1.34秒だった。

ジャイは"等時曲線"という言葉を胸に刻み込んだ。

キノは実験役を果たして喜んでいた。

3人はミキにお礼を言うと、同じ部屋のなかの違うコーナーに、こどもたちが順番待ちの長い行列をつくっていることに気が付いた。「何があるんだろう」と言うと、キノは行列の先を見に行ってすぐ戻ってきた。「正方形のタイヤをした三輪車があったよ。学校でケンタロウが話していたものの1つだ」

　キノは三輪車に乗るために順番待ちの列に並び、他の2人は三輪車の近くに行って見学することにした。

「正方形のタイヤなのに、ちゃんと前に進んでるよ。でも、三輪車の下の道の形を見てみろよ。カマボコをいくつも並べたようなデコボコ道をしているよ」イチローがジャイに話しかけた。

「このデコボコ道は、たぶんまた何か特別な曲線なんだろうね。正方形タイヤの三輪車は、他の曲線の上でも動くことができるのかなぁ」

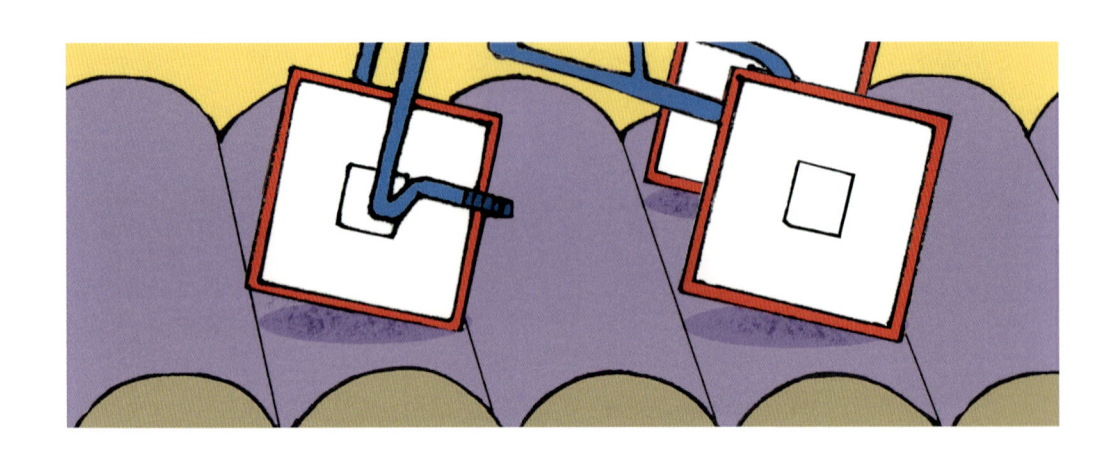

インストラクターの1人、ヒロが2人の話を耳にして解説してくれた。

「正方形タイヤがスムースに曲線上を動くためには、いくつかの条件がクリアされなければならないんだよ。1つ目は、車輪の1辺の長さが曲線の1つぶんの断片の長さに一致していなければならない。2つ目に車輪がまわりながら前進するとき、車輪の辺が常に曲線に接するような形でなければならない。そして、最後3つ目、車輪の中心（自転車の回転軸）が水平に保たれたまま移動しなければならない」

ヒロは彼ら2人をコンピュータのところに連れて行き、カマボコが並んだような形状の道に沿って正方形が前進する様子(ようす)を見せてくれた。

　「この道は、上下逆(さか)さにしたカテナリーをいくつもくっつけてできているんだ」ヒロが言った。

　「カテナリーって、なんですか？」イチローが尋(たず)ねると、「ロープの両端を持って、ゆったりと自然にたるませたときにロープがえがく曲線のことだよ」ヒロが答えた。

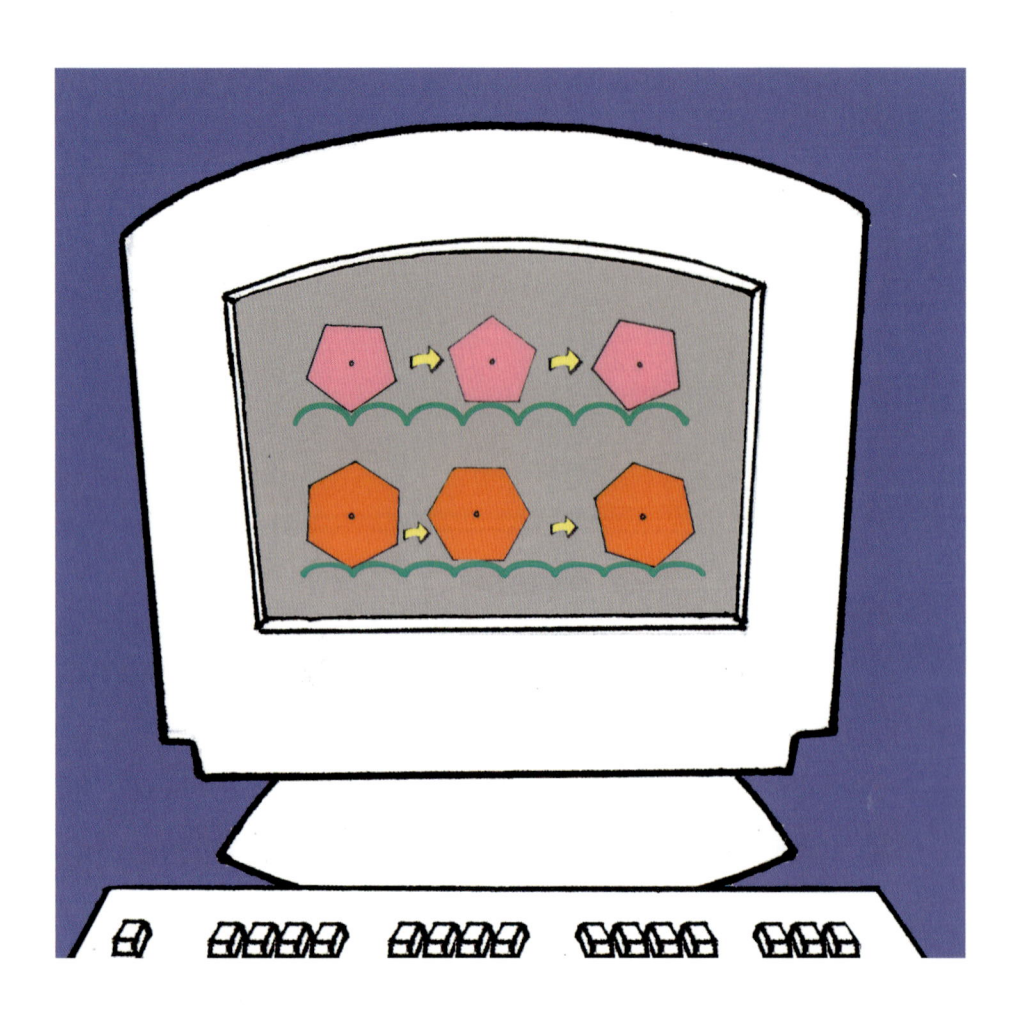

コンピュータ画面には、正方形以外の正多角形が逆さカテナリーでできたデコボコ道に沿って転がりながら進む様子が映しだされた。
　「見て、正五角形と正六角形も、カテナリーのデコボコ道をスムースに転がってるよ」イチローが言うと、
　「でも、カテナリーの道がどんどん平らになっていくね」ジャイが補足した。

「もっと辺の本数が多い正多角形でも、うまく転がるんですか？」イチローが質問した。
　「辺の本数が増えるにつれて正多角形の形はどんどん円に近づいていく。それに伴って、カテナリーのデコボコ道もどんどん直線に近づいていくんだよ」ヒロが説明してくれた。
　ジャイは静かだった。"正多角形の辺の本数が多くなるにつれて、その多角形の形は円に近づいていく"という事実に夢中になっていたからだ。
　「次の問題を考えてごらん」ヒロがジャイに言った。
　「正三角形はカテナリーのデコボコ道をスムースに転がりながら進むことができません。その理由はなんだ？」ジャイは好奇心にそそられ、あとでジックリ考えてみようと思い、その問題をシッカリ記憶した。
　正方形タイヤの三輪車に乗りおわって戻ってきたキノがイチローの肩を叩いて、「三輪車、楽しかったぜ！　でも、前に進むのにちょっと苦労したけどね」と言った。
　彼らの前のポスターには、"クロソイド"という、３人が初めて見る曲線が紹介されていた。

クロソイド

　クロソイドとは、図のような2極らせんです。この曲線は、原点O（注 点対称な形をしている、この曲線の中心点）から遠ざかるにつれて曲率が大きくなります（つまり曲がり具合が激しくなります）。
　直線と円弧を接続しなければならないとき、それらのあいだにクロソイドの弧を組み込むと、曲率が急激に変化せず、一番自然な接続が可能になります。そういう理由で高速道路や線路の設計にクロソイドは使われるのです。
　クロソイドの弧は、自動運転される乗り物の設計にも用いられます。ひと昔前のローラーコースターは円弧を使って設計されていましたが、最近のローラーコースターにはクロソイドが用いられる場合が多いです。その理由はこうです。
　ぐるりと1回転するローラーコースターの輪の部分を円弧にすると、頂上でスピードが落ちるので、輪をまわり切るためには、輪に差しかかる前の速度を大きくしなくてはなりません。そうすると、輪をまわり切った直後のスピードがあまりにも速くなりすぎて危なくなってしまうのです。ところが、輪の頂点で曲率が小さく、かつ、輪のまわり始めとまわり終わりで曲率が大きくなるクロソイドを使うと、スピードの問題は解決されるのです。
　世界初のクロソイド・ローラーコースターは、1976年にドイツ人ヴェルナー・シュテンゲルがカリフォルニアに設計したコースターです。

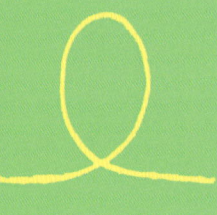

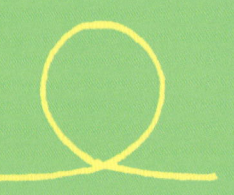

クロソイドの輪　　　円弧の輪

14回の回転（輪を3回まわり、座席が11回まわる）を体験できるローラーコースターが、富士急ハイランドにあります。建設費は、なんと3100万ドルを超えるそうです。

　ポスターの解説のなかの"ローラーコースター"の部分にイチローの気持ちは魅かれた。キノは、以前3人で乗った富士急ハイランドのローラーコースター"ええじゃないか"を思い出していた。
　「"ええじゃないか"は、クロソイドのローラーコースターだったのかなぁ。それとも円弧だったのかなぁ？」キノが2人に聞いた。
　「クロソイドだと思うよ」イチローが答えた。
　「どうして、輪の部分をクロソイドにすると円弧より安全なんですか？」ジャイが質問した。インストラクターのヒロは、精一杯その疑問に答えようとしてこう言った。
　「それを理解するためには、物理学の知識が必要なんだ。速度と遠心力と重力と頂上の高さ、それらの関係性から、そうなるってわかるんだよ」
　少年たちにとって、物理学は未知の領域なので、いまの時点ではこれ以上深入りしないことにした。

4章　部屋いっぱいの直角三角形

"万物は数なり"
ピタゴラス

ある部屋の前に行列ができていた。その部屋の入口には、

ピタゴラスの部屋

と書かれていた。
　「ピタゴラスって何だ？」キノが尋ねると、
　「"何"じゃなくて"誰"じゃないのか」イチローが指摘した。
　「彼は、大昔のギリシャの数学者だよ」ジャイが2人の疑問を吹き飛ばした。
　「部屋に名前が付けられるぐらい重要な人物なんだろうなぁ」キノは感慨深げに言った。
　列に並んでいると、部屋のなかが見えた。部屋のなかは色で溢れている。鮮やかな色の壁がアイボリー色の床を際立たせていた。
　「床を見てみろよ、三角形のタイルで敷き詰められているぜ」イチローがそう言うと、
　「直角二等辺三角形のタイルだね」ジャイが付け加えた。
　部屋に入ると、壁の目立つ位置に貼られたポスターがピタゴラスを簡潔に紹介していた。

"万物は数なり"
ピタゴラス
（およそ紀元前580年～紀元前500年）

　　ピタゴラスは紀元前6世紀の、もっとも影響力のあった思想家の1人です。
　彼は、現・南イタリアのクレタ島にピタゴラス学派をつくりました。そこでは彼の弟子たちが数論、幾何学、音楽、天文学を研究していました。
　13巻から成るユークリッドの大著「原論」は、第7、8、9巻にわたって、ピタゴラス（学派）の数論を紹介しています。

「万物は数なり……？ それって、どういう意味なんだろう？」キノが不思議がった。

インストラクターのミホがその言葉を耳にして近づいてきた。

「ピタゴラスはねぇ、この世界のありとあらゆるものは数に関係していると信じていたのよ。だから、ピタゴラスと彼の弟子たちは、数の性質を研究することによって、この世の神秘を解き明かそうと考えていたの」ミホが解説してくれた。

その部屋の片側には、いくつかの回転装置が並べられていた。たくさんのこどもたちが、それらのまわりに人だかりをつくっている。キノは人だかりを押し分けてズンズン前のほうに進んでいった。イチローとジャイは遠慮がちに、ちょっとずつゆっくりと進んだ。

1番目の装置を見ると、中央に直角三角形が1つあり、その三角形の各辺に、それぞれを1辺とする正方形が載っかっていた。

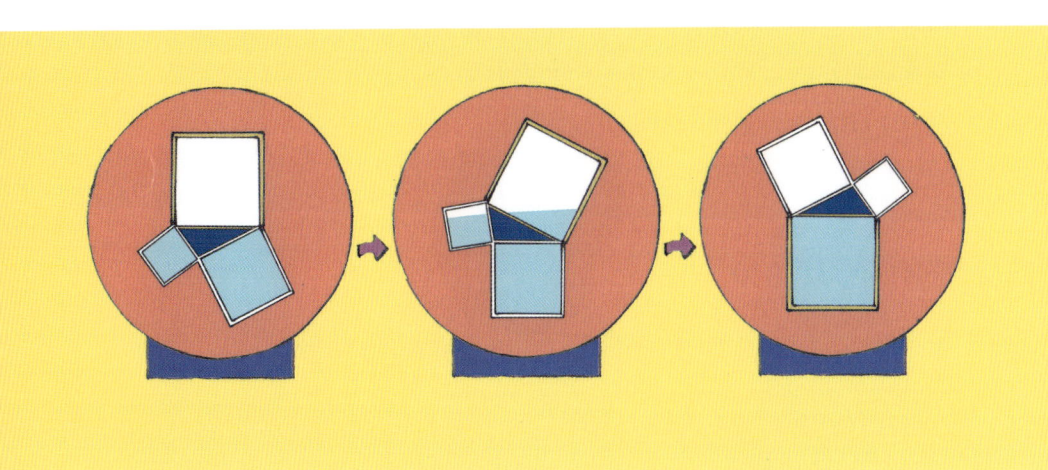

装置がまわると、小さい正方形と中くらいの正方形を満たしていた青色の水が大きな正方形に流れ込んだ。

大きな正方形が青い水でピッタリ満たされると、小・中２つの正方形のなかが完全にカラになった。装置の下には、こんなラベルが付いていた：

ピタゴラスの定理
$$x^2+y^2=z^2$$

　「この方程式が、直角三角形や正方形となんの関係があるっていうんだろう？」キノが不思議がった。
　イチローはちょっと考え込んだあと、
　「zは直角三角形の斜辺の長さを表していて、xとyは他の２辺の長さを表しているんだよ」
　そのあとをジャイが続けて、
　「z^2 は斜辺の上に載っかっている正方形の面積を表していて、x^2 と y^2 は他の２辺それぞれに載っている正方形の面積なんだよ。
　つまり、この方程式は、直角三角形の直角をなす辺の２乗の和は、斜辺の２乗に等しいってことを言ってるんだよ。
　たとえば、辺の長さが

$x=3$、 $y=4$、 $z=5$

の直角三角形ならば、

$x^2+y^2=3^2+4^2=9+16=25=5^2=z^2$

という具合いさ」
　「だから、この装置で、小・中２つの正方形のなかの青い水が移動すると、大きい正方形にピッタリおさまるってわけなのさ」イチローが付け加えた。
　「なるほど！　よくわかったよ」キノが答えた。
　「ピタゴラスの定理は、どんな直角三角形に対しても、この式が成り立つと言ってるのよ」ミホが言った。

ジャイは、家に帰ったら色々な直角三角形について、この公式が成り立つことを確かめてみようと思った。

　イチローは、この装置が回転すると青い水が各正方形から出たり入ったりする仕組みにものすごく関心を寄せていた。なので、その装置の前に長いあいだ立ち尽くして見とれていた。キノはすでに次の装置のところへ移動していた。

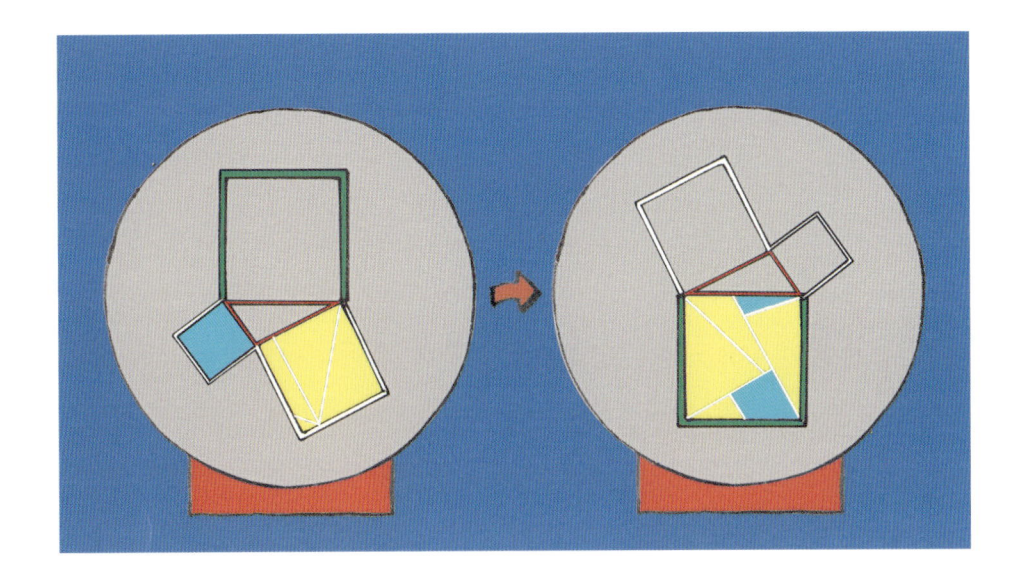

　２番目の装置も、ピタゴラスの定理を示すものだった。だが、今度は装置が回転すると液体が移動するかわりに、小・中２つの正方形を敷き詰めていた色の付いたプラスチック板がスライドして大きな正方形にピッタリおさまるという仕掛けになっていた。

　「正方形は、どんなふうに分割されているんですか？」ジャイが質問すると、ミホは分割法を解説するポスターのところに３人を案内した。

1

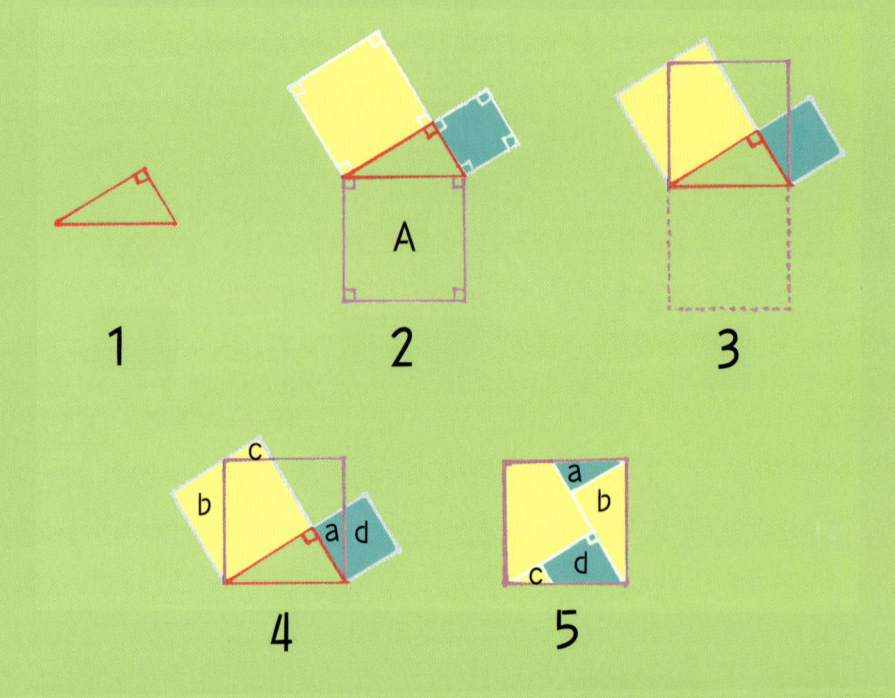

2

A

3

4

c
b
a d

5

a
b
c d

「ピタゴラスはこの事実をどうやって思いついたのかなぁー」イチローが言った。

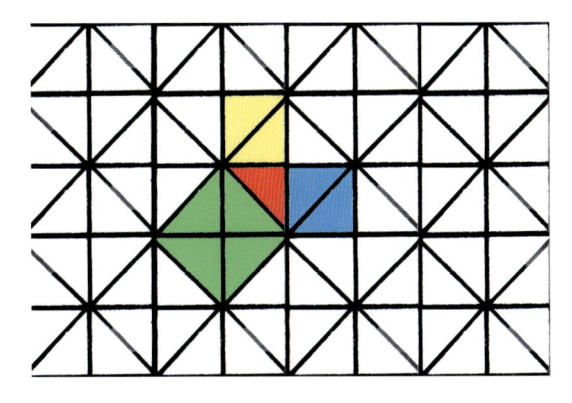

その言葉を受けて、ミホが解説をはじめた。

「ピタゴラスは寺院の床を埋め尽くすタイルを観察して、このアイディアを思いついたと言われているのよ。そのタイルの敷き詰め方は、この部屋の床のような敷き詰め方だったと言われているの。さぁ、君たちはこのタイル模様からピタゴラスの定理を導きだすことができるかしら？」

少年たちがジッと床を眺めていると、ピタゴラスの定理、すなわち、"直角三角形とその3辺の上に載る3つの正方形の模様"が浮かびあがって見えてきた。イチローが床の上でその模様をなぞった。

「おい、次のコーナーにある装置は、直角三角形の辺の上に正方形じゃないものが載っているぞぉ」キノが見つけて2人に言った。

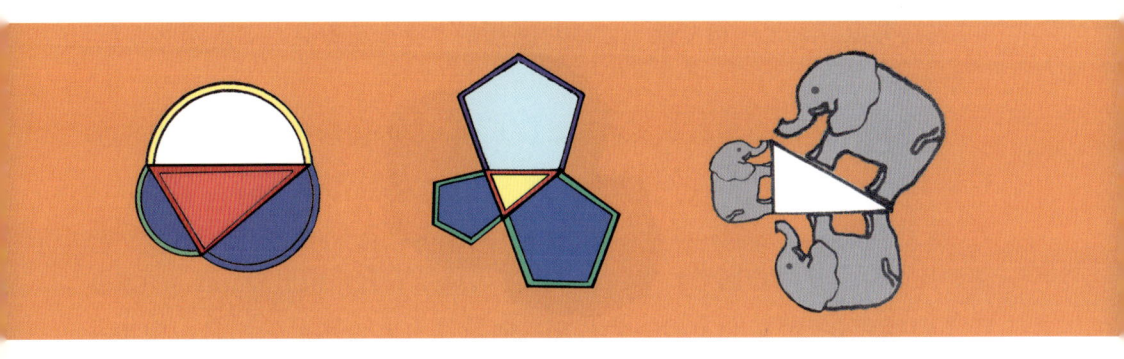

2人がキノの指さす方向に目をやると、半円や正五角形、象が直角三角形の辺の上に載っている。

ミホが解説してくれた：

「直角三角形と正方形の関係を示すこの定理は、拡張することができるのよ。直角三角形の辺の上に載せる形を、正方形じゃなくて違う形にしても、それら3つが直角三角形の辺の長さの比になっている相似図形ならば（小さい図形の面積）＋（中くらいの図形の面積）＝（大きい図形の面積）という面積の関係が保たれるの」

「どうしてそうなるの？」ジャイが知りたがった。

ミホは3人を黒板のところに連れて行って説明しはじめた。

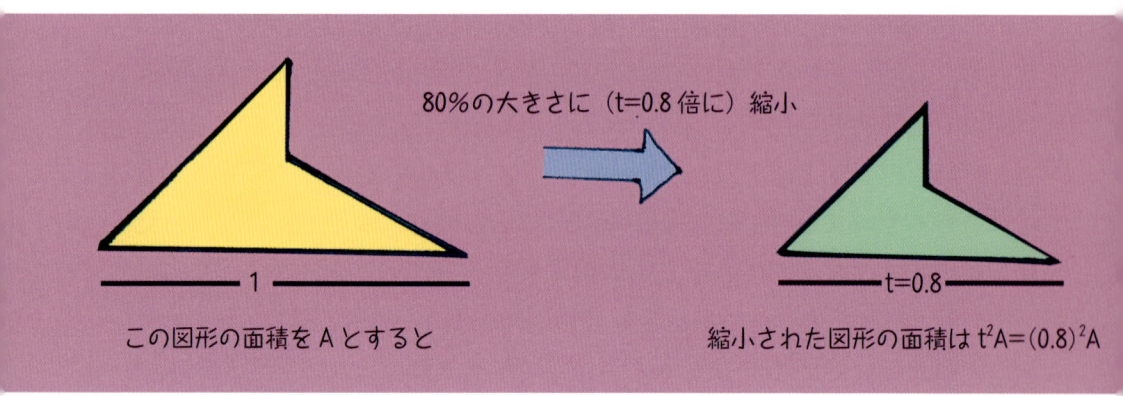

80％の大きさに（t=0.8 倍に）縮小

この図形の面積を A とすると　　　　　縮小された図形の面積は $t^2A=(0.8)^2A$

「君たちは、コピー機で縮小された図形がどうなるか見たことがある？」ミホが聞いた。

「面積が A の図形があるとするでしょう。この図形をコピー機で80％に縮小すると、……」彼女は黒板に書きながら説明を続けた。

「縮小図形は、もとの図形と相似（つまり大きさが違うだけで，辺の長さの比や角度は同じ図形）で、辺の長さの比はもとの図形の t 倍、つまりいまの場合 0.8 倍になるの。そして、面積はもとの図形の t^2 倍、つまり $(0.8)^2=0.64$ 倍になるのよ」彼女はさらに続けた。

「図形を t 倍に縮小するんじゃなくて、t 倍に拡大しても同じ関係が成り立つのよ」

面積 =z²A   面積 =x²A

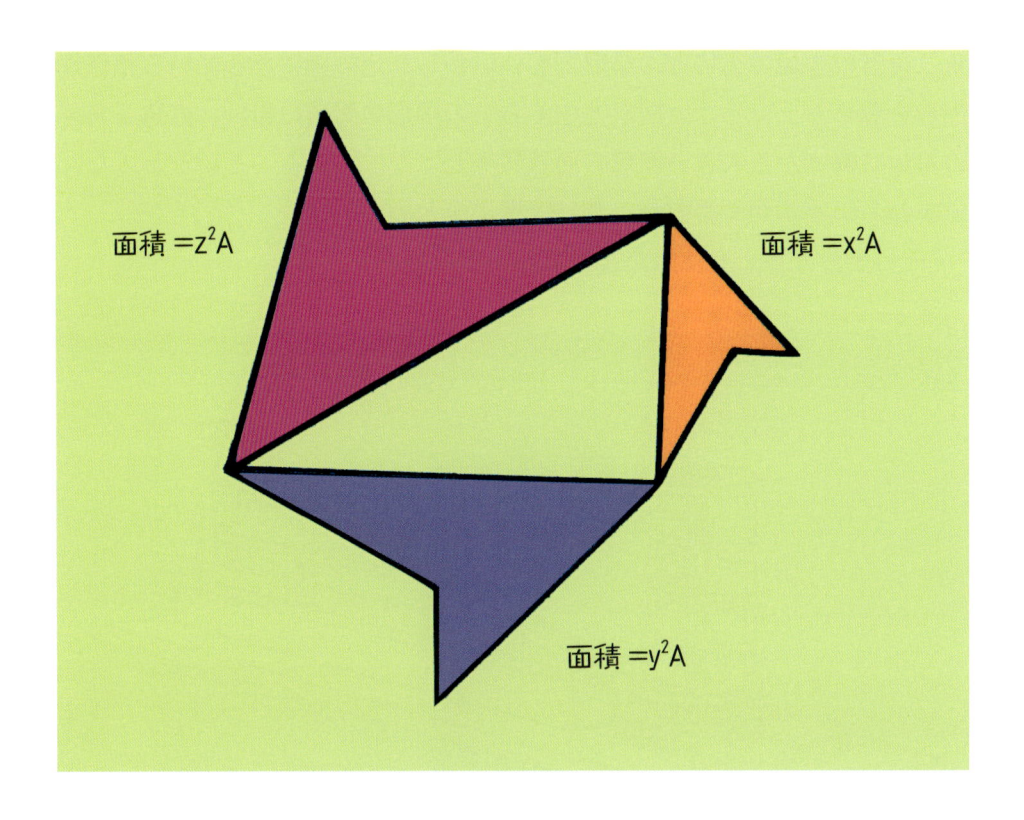

面積 =y²A

　ミホはさらに黒板に書きながら言った。
　「いまの図形（1つの辺の長さが1、面積Aの四角形）を、拡大または縮小して3辺の長さがx、y、zの直角三角形の3辺の上に載せてみましょう。すると、それぞれの面積は黒板に書いたようになるわね」
　「そして、ピタゴラスの定理から、x、y、zのあいだには

$$x^2+y^2=z^2$$

という関係が成り立っているわよね。このことを念頭に置きながら、この黒板の小さい図形と中くらいの図形の面積を足してみましょう」

$$x^2A+y^2A=(x^2+y^2)A=z^2A$$

　「この式は、どんな図形をかいても成り立つってことですね。つまり、"直

角三角形の3辺の上にどんな形でもいいから3辺の比になっている相似な図形を載せると、小さい図形と中くらいの図形の面積の和は、直角三角形の斜辺に載っかる大きい図形の面積に等しくなっている"というわけなんですね」ジャイがミホのかわりに簡潔にまとめてみせた。

「そのとおりよ！」ミホが言った。

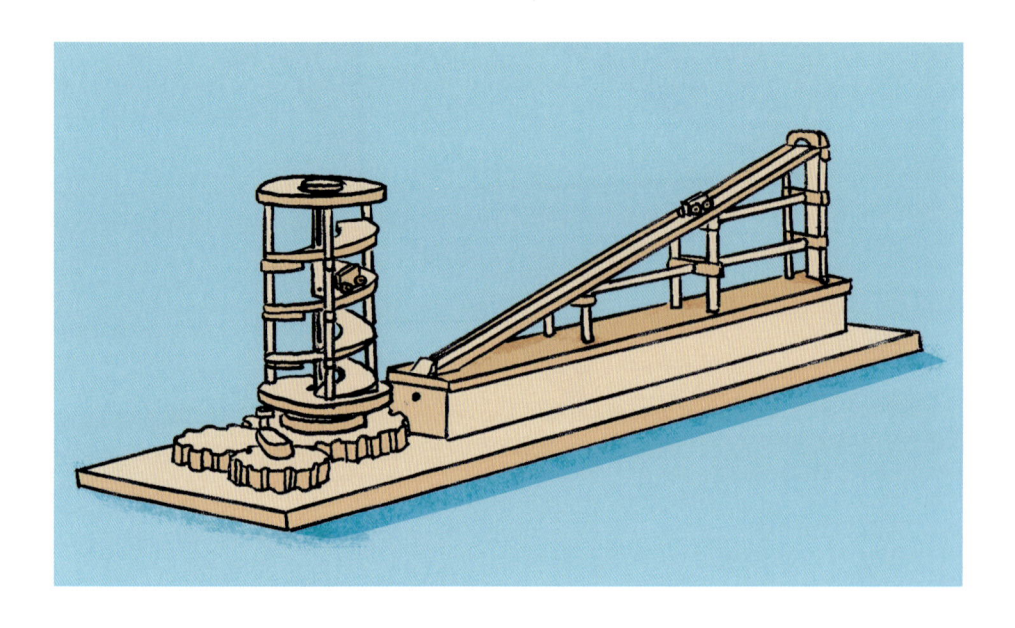

　3人は、次に、木でできた模型のところに行った。その模型のなかには2台のおもちゃの車があった。1台は坂道を上ったり下がったりする。

　もう1台は、円柱の塔に巻きつく、らせんスロープを上ったり、下ったりする。

「これは何についての模型なんだろう？」キノが疑問を口にした。

「この模型は、らせんの長さの求め方を考えさせるための模型なの」ミホがさらに説明を続けた。

「坂のテッペンと円柱のテッペンにいる2台の車を見ていてね。2台の車は同時にスタートして、同じ速度で下降するの。この歯車が両方の車を同時に動かしているので、同じ時間に同じ距離(きょり)だけ進むようにできているのよ」

「あっ、2台とも同時に下に到着したよ。ってことは、このらせんの長さは、この坂道の長さと同じってことですね」イチローが観察結果を報告した。

「そのとおりよ」ミホがOKを出した。

イチローは車を上下させる歯車の動きを熱心に観察し続けていた。

「でも、ここはピタゴラスの部屋ですよね。この模型がピタゴラスとどんな関係があるんですか？」キノが尋(たず)ねた。

「ではまず、らせんが巻きついている円柱のたて方向に切れ目を入れて展開したらどうなるか考えてみましょうね」ミホが言った。

「円柱の高さをh、底面の円の半径をrだとしましょう。そして、らせんが円柱のまわりにn回巻きついているとするわよ。この模型の場合は4回巻きついているから$n=4$よね」

彼女はそう言うと、黒板に図をかきはじめた。

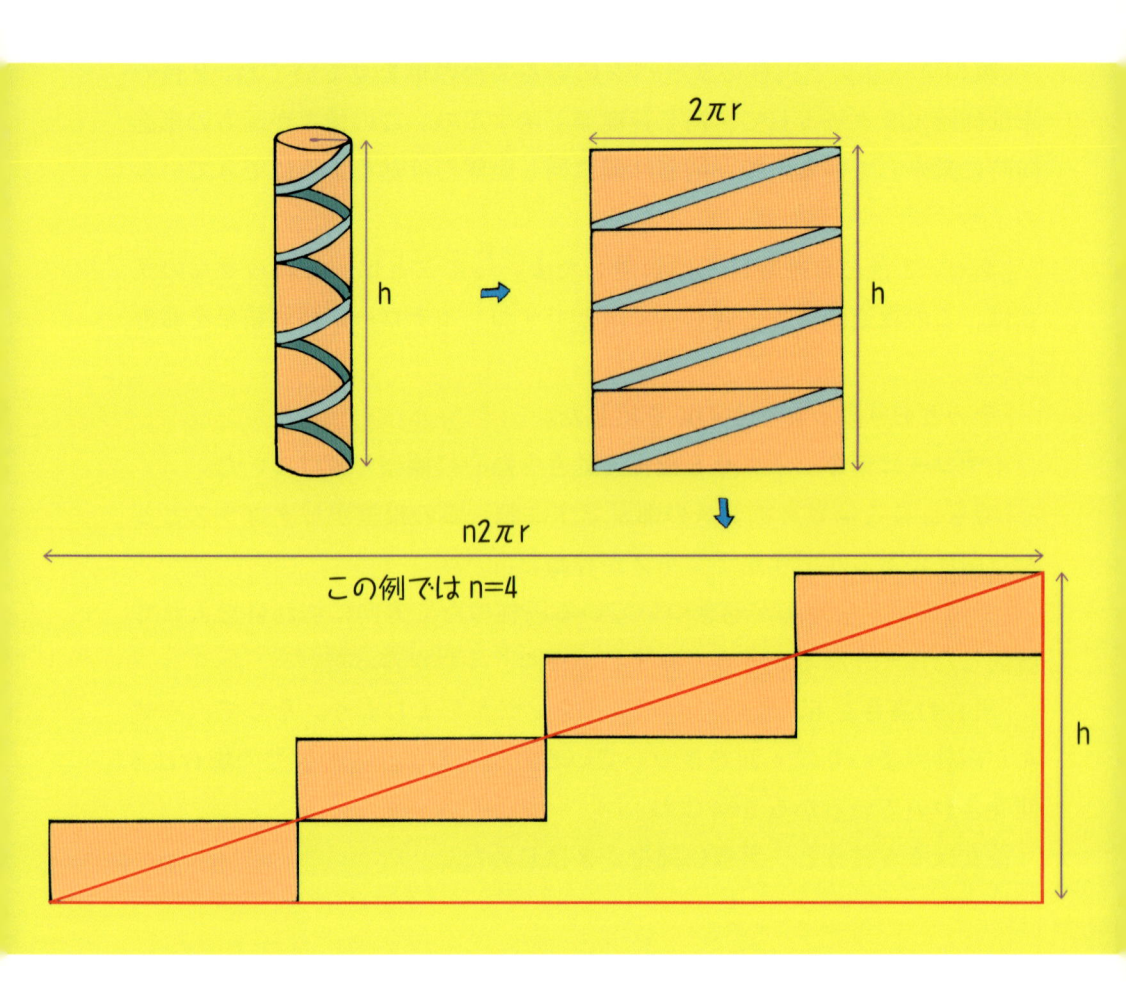

「展開してできる長方形の底辺は、底面の円の円周に等しいから2πrよね」

n2πr
この例ではn=4

「この展開図に、らせんはn本つまり4本の分断された線分として現れているわね。これらの線分を一直線上に並べてみると、線分の和（つまり、らせんの長さ）は、底辺がn×2πr、高さがhの直角三角形の斜辺の長さに他ならないわよね」

ミホのいまの説明に、ジャイが、「そうかぁ。あとはピタゴラスの定理から、この直角三角形の斜辺の長さが、

$$\sqrt{(n2\pi r)^2 + h^2}$$

と求められるんですね」

「そのとおり！」ミホはジャイの理解力の速さに驚嘆(きょうたん)していた。

でも、イチローとキノは全然驚(ぜんぜんおどろ)いていなかった。なぜなら、ジャイが彼ら2人よりも素早く、かつ、深くものごとを理解するのはいつものことだったからだ。

5章　音楽のなかの数学

ピタゴラスの部屋のなかにいると、どこからか音楽が聞こえてきた。聞こえてくる方向に目を向けると、こんな標識が目に入ってきた。

音楽の部屋はこちらです

　矢印は、あまり見かけたことがないらせん階段を指していた。階段の各段は違う長さをしていて、なかにはカーペットが敷き詰められた段も何段かある。

　下の階から、ヤスという名前のインストラクターが、1人ずつ階段をおりてくるように指示を出した。いつものように、キノが先陣を切った。キノが1段階段を踏むごとに音が1つ鳴った。キノが階段を休みなく一定のペースでおりると、メロディーになった。

　イチローとジャイの2人は、イチローが先におりて、ジャイが数段遅れておりたら、どんなことが起こるのか試してみたくなった。2人がヤスに試してみてよいかと聞くと、「OK」と許可がおりた。彼らが数段離れて歩調を合わせ、階段をゆっくりとおりて行くと、輪唱しているような多重音が聞こえた。音楽を奏でるらせん階段は2階分の高さがあって、下までおりると地下1階に到着していた。

　階段の真下には2枚のポスターが貼られていた。1枚は音楽を奏でるらせん階段について、もう1枚は音楽と数学の関係について紹介するものだった。

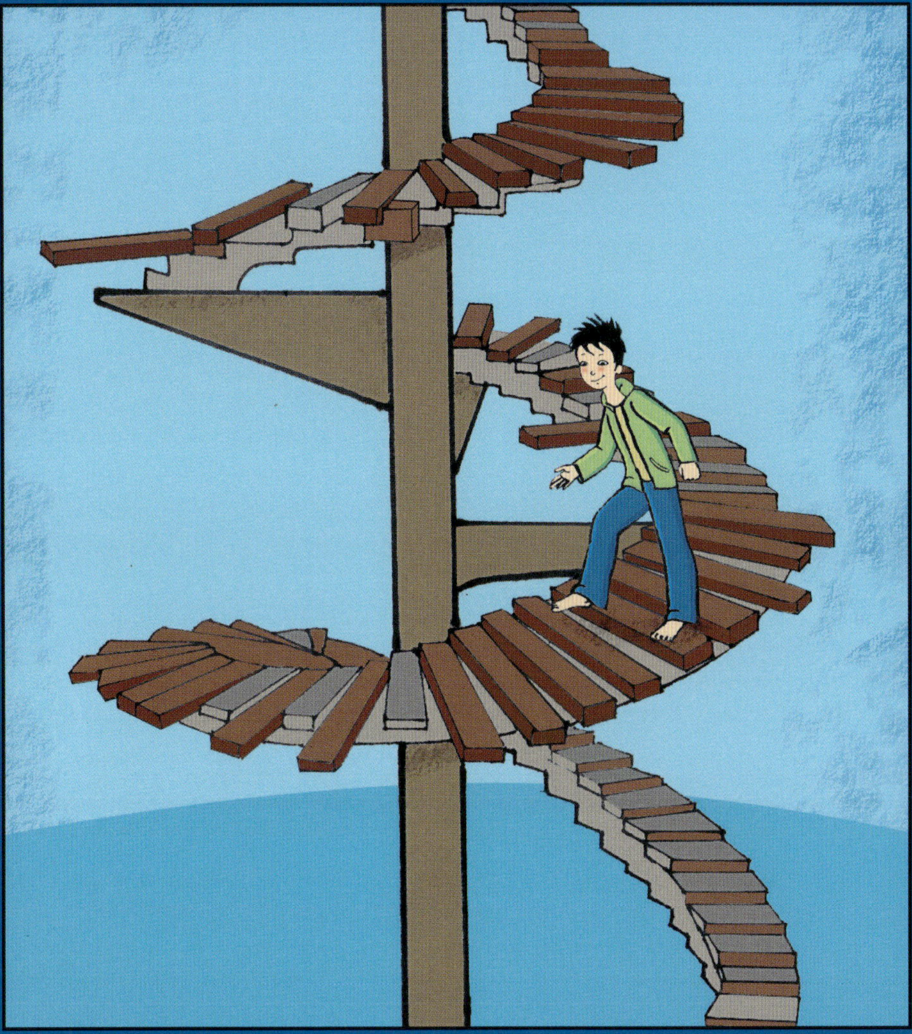

音楽を奏でる階段

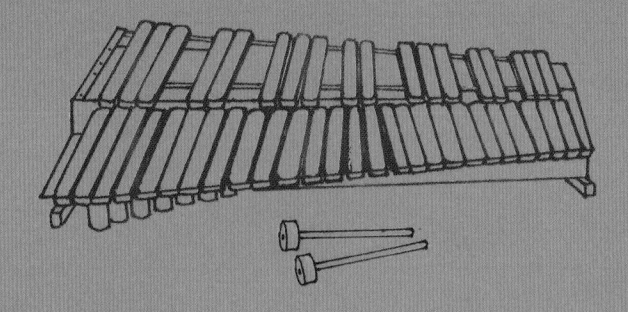

　木琴は、左から右へ低い音から高い音が順番に鳴るように、硬い木の板が長いものから短いものへ並べられた楽器です。1枚1枚の板の長さが違い、1枚の板が1つの音を担当しています。木琴はモレットと呼ばれる2本のスティックを使って演奏されます。

　ここにある音楽を奏でる階段の原理は木琴と同じです。♯や♭の半音も含めた様々な音が奏でられるように階段の各段は長さの違う木の板でつくられています。
　そして、階段を上から下へおりたとき1曲演奏されるように音の板がうまく並べられているのです。休音の段にはカーペットが敷き詰めてあって、音が鳴らないようになっています。

　弦や板の長さと音の高低の関係を初めて発見したのはピタゴラスだと言われています。彼は弦の長さや、弦を引っ張る力を色々と変えたときにどんな音が生みだされるのかを観察しました。ピタゴラスは1本の弦でできたモノコードと呼ばれる楽器をつくりました。適切な位置で弦を押さえて弦をつまびくと、この楽器は高低様々な音を奏でます。

音楽とは、計算していることに気づかぬまま計算を楽しむ魂の快楽である

　　　　ゴットフリード・ライプニッツ
　　　　　　　（1646～1716）

　ライプニッツはアイザック・ニュートンとともに解析学の祖とされる数学者です。
　ライプニッツは数学以外の分野でも重要な貢献(こうけん)をしています。彼は、外交官、歴史学者、哲学者でもありました。そういう理由で、ライプニッツは"最後の万能学者(ばんのうがくしゃ)"と呼ばれることも多い人物です。

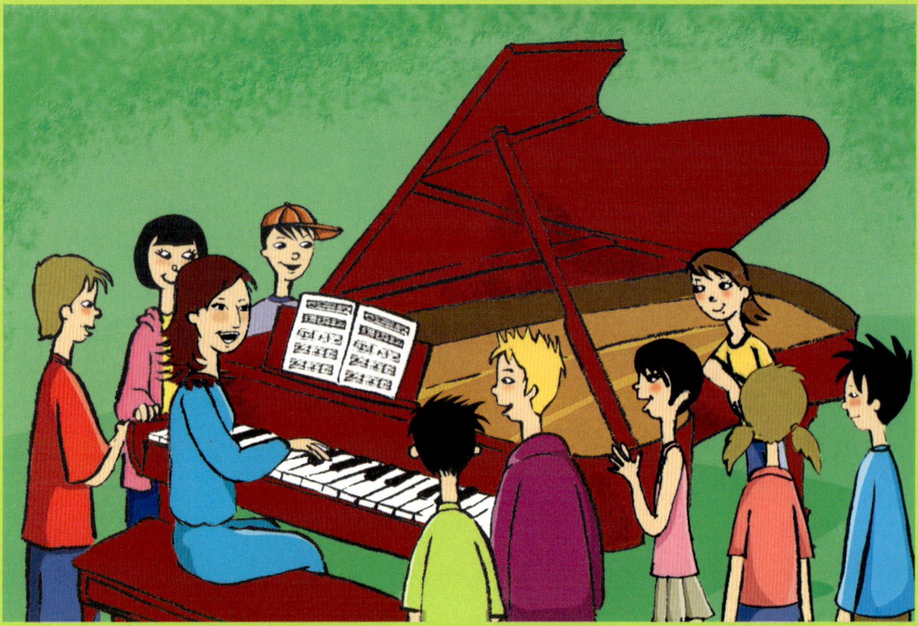

音楽ルームの片側にピアノがあった。インストラクターのチエがピアノで音階を弾きながら音の関係を説明していた。

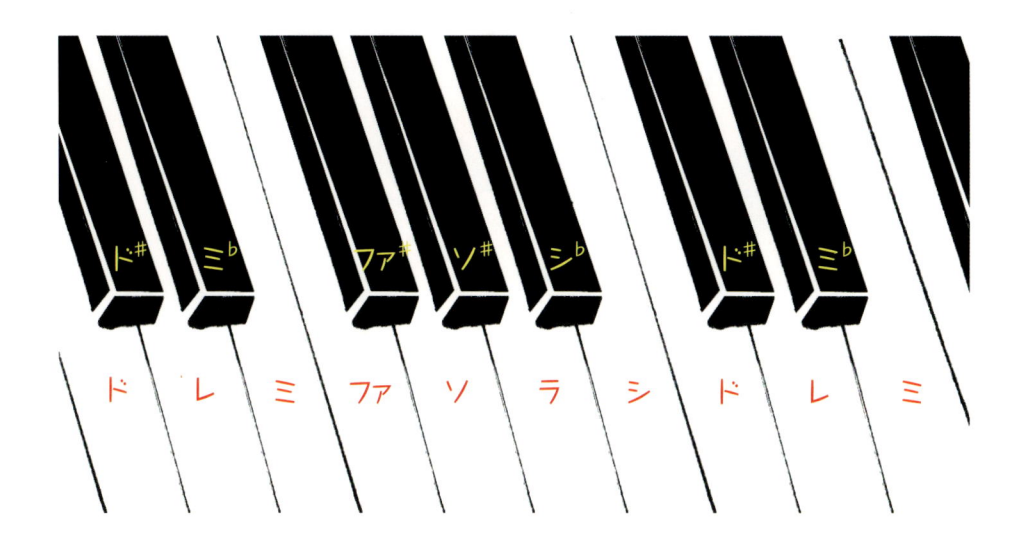

「これからいくつかのコード（和音）を弾くから、それが心地良く聞こえる協和音かどうか私に教えてね。心地良く聞こえるときは手を叩いて！」
　彼女がド-ミ-ソの和音を弾くと、みんなが手を叩いた。
　彼女は立て続けにいくつかの和音を弾いた。
　ド-ファ-ラとシ-レ-ソの和音を弾いた時も、みんながまた手を叩いた。

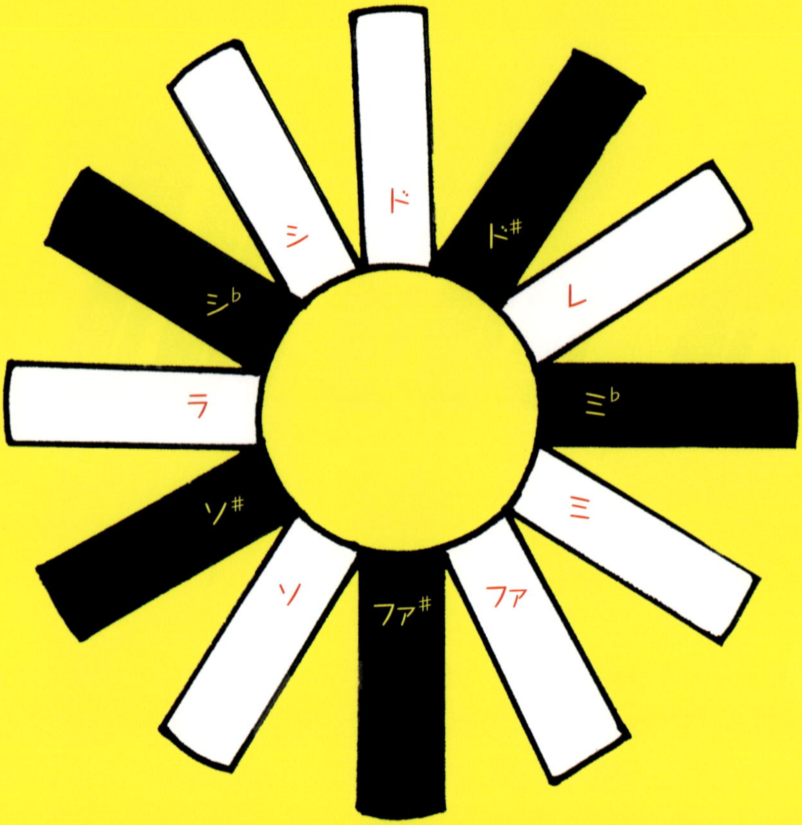
ド
ド♯
レ
ミ♭
ミ
ファ
ファ♯
ソ
ソ♯
ラ
シ♭
シ

「1オクターブ分のピアノの鍵盤を円形に並べてみましょう」チエはそう言うと、みんなを円形鍵盤の図のところに連れて行った。

「さぁ、いま聞いた協和音を、この円形鍵盤で弾くとするわよ。このとき、和音の3つの音の間隔を時計まわりに数えてみましょう。たとえば、ドとド♯の間隔は1、ドとレの間隔は2という具合に数えましょうね」チエが説明すると、早速キノが発言した：

「ド-ミ-ソの和音では、音の間隔が4-3-5です」

「レ-ファ-ラの和音では、3-4-5です」別の誰かが続いた。

「シ-レ-ソでは3-5-4です」また別の誰かが続いた。

「いま出てきた3つの数のトリオについて何か思い出すことはないかしら？」チエが質問した。

ジャイは一生懸命考えて、突然思いついたかのようにこう言った。

「このトリオは直角三角形の3辺の長さです」

「そのとおり！ どれも辺の長さが3-4-5の直角三角形よね」チエはそう言うと、辺の長さが3-4-5の直角三角形をとり出した。

4-3-5
ド-ミ-ソ

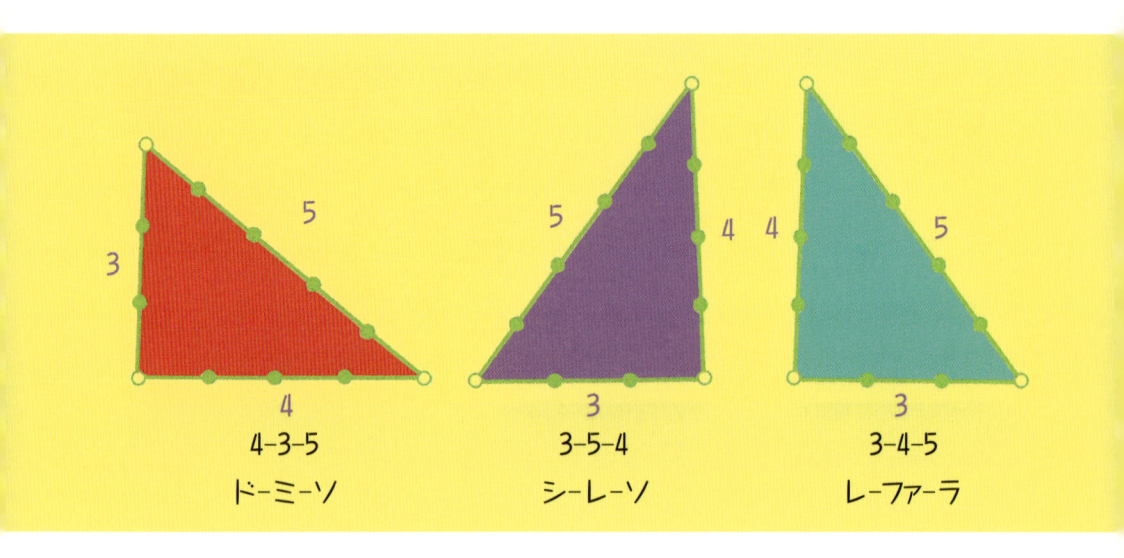

3-5-4
シ-レ-ソ

3-4-5
レ-ファ-ラ

「ということは、協和音はピタゴラスの定理に関係しているってことですか？」キノは大きな声でそう言うと、こんな不思議な関係があるということに驚いていた。

「そうなのよ」チエが答えた。

「でも、もしド♯からスタートして4-3-5の間隔の和音を弾いたらどうなるのかなぁ？」イチローが疑問を口にした。

「じゃあ、試してみましょう！」チエはみんなをピアノのところに連れて行った。

キノがイチローの指摘したド♯-ファ-ソ♯の和音をピアノで弾くと、みんなは手を叩いて「協和音に聞こえます」という合図を送った。

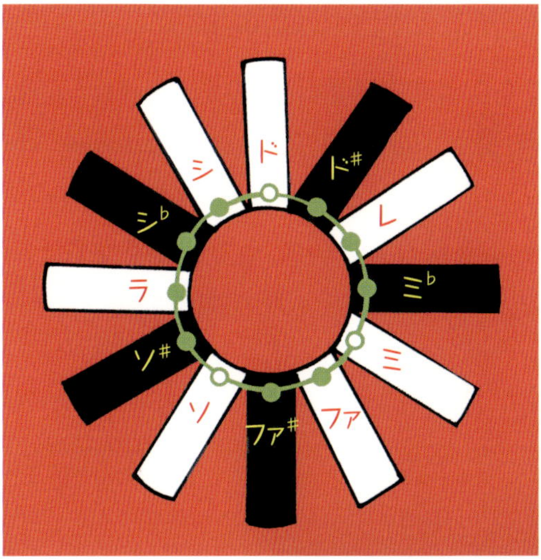
ド
ド♯
レ
ミ♭
ミ
ファ
ファ♯
ソ
ソ♯
ラ
シ♭
シ

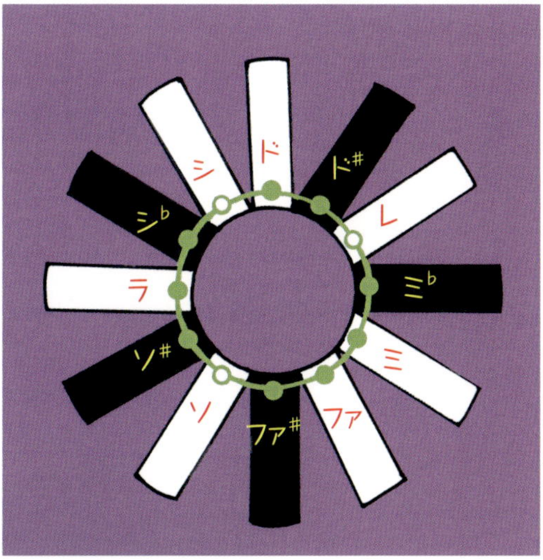
ド
ド♯
レ
ミ♭
ミ
ファ
ファ♯
ソ
ソ♯
ラ
シ♭
シ

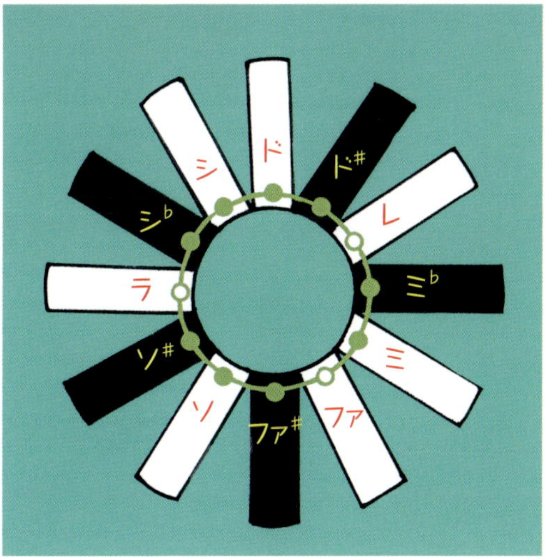
ド
ド♯
レ
ミ♭
ミ
ファ
ファ♯
ソ
ソ♯
ラ
シ♭
シ

こどもたちは、他の和音を試してみようと、ピアノの前に順番待ちの列をつくった。
「そうそう、もう1つ、付け加えておくことがあるわ」チエが言った。
「4-3-5や3-5-4の和音はとても明るい響きがするのに対して、3-4-5の和音は悲しい響きがするのよ」
　3人の少年たちは巨大な円形鉄琴のところに行った。そして、色々な音から成る4-3-5や3-4-5の和音を鳴らして、チエが言った"明るい響き"と"悲しい響き"について試してみた。

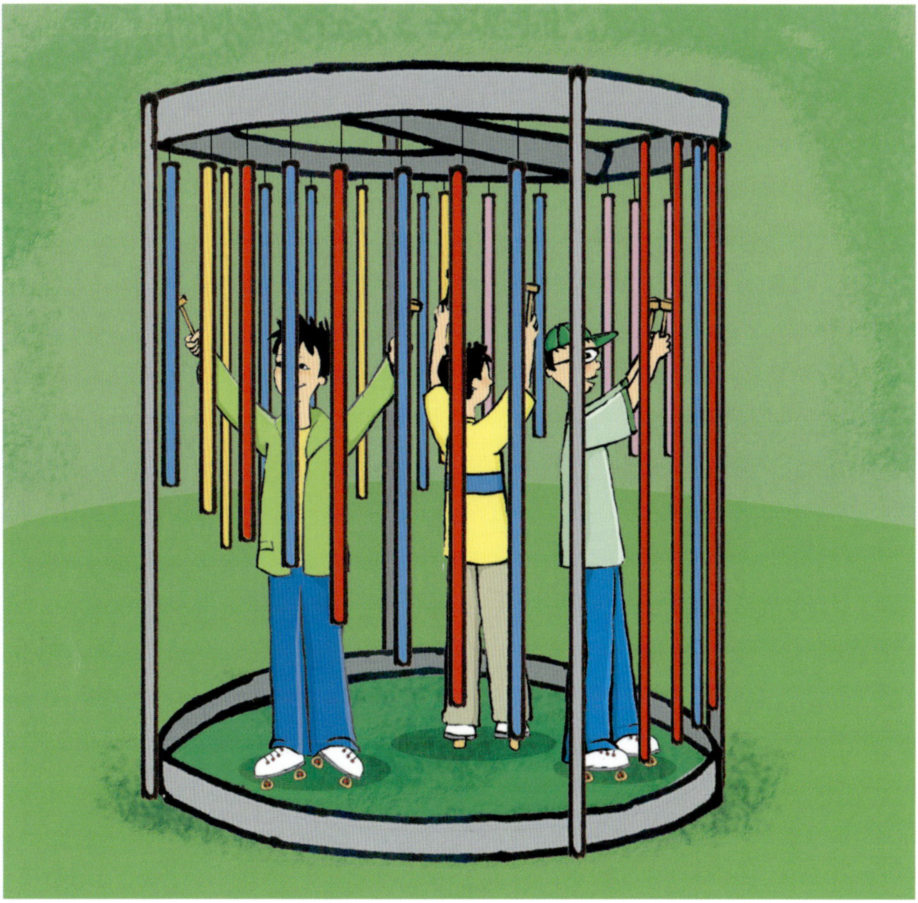

6章　パチンコの数学

よこ

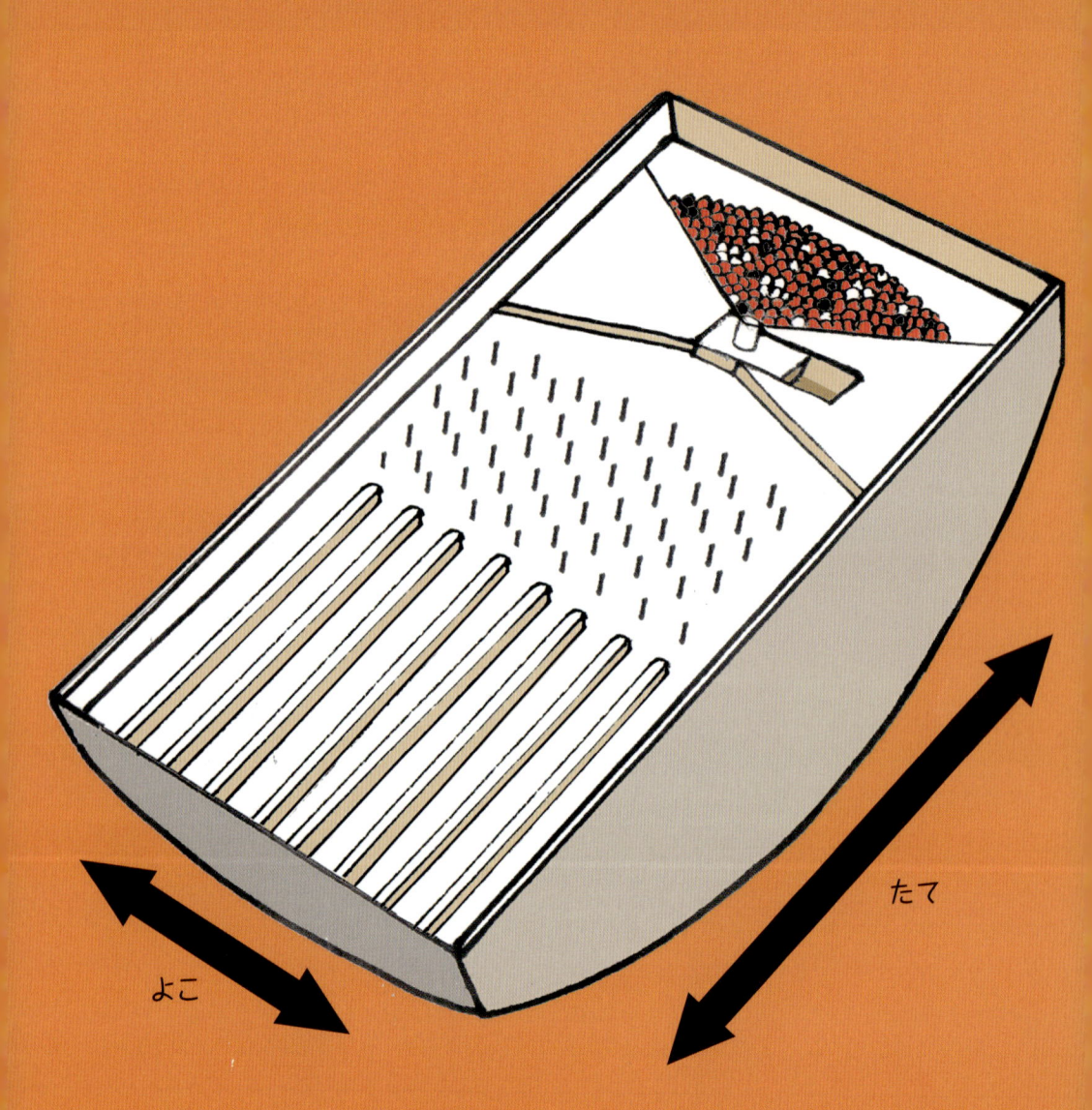

たて

音楽ルームを出ると、そこはたくさんのおもしろそうな模型や装置が展示されている公開ホールだった。
　床の上に、かなり大きな木製の物体があった。その底はゆりかごのような形をしている。その上面は、1枚の板で覆（おお）われていて、板の中間部には釘（くぎ）が規則正しく打ちつけられていた。釘が打たれた部分の片側には、たくさんのプラスチックの玉が、しきりでせき止められていた。玉のある部分と、釘（くぎ）をはさんで反対側の部分は、玉の方向（たて方向とよぶことにします）に向かって、何本かの仕切り板がとり付けられていた。
　3人は、これがなんなのか、まったく見当がつかなかった。3人はひざまずいて近くからじっくりとこの物体を観察した。釘はよこ方向には等間隔（かく）に一直線上に並んでいる。釘（くぎ）のよこ列を玉の近いほうから順に1段目、2段目、…と呼ぶことにすると、1段目と3段目と5段目、…はみな同じ配置になっている。そして、2段目、4段目、…は1段目の釘（くぎ）と釘（くぎ）のちょうど真ん中に釘がくるように、1段目の釘の列をずらした配置になっている。
　「まるでパチンコ台みたいだね」キノが感想を言うと、インストラクターのノリオが近づいてきて
　「では、玉のたくさん入っているほうが高くなるように、この物体を傾けてみよう」と指示を出した。
　イチローとジャイが言われたとおりにした。
　「次に、玉をせきとめているゲートをあけて、玉を全部下のほうに転がそう」
　キノがノリオのこの指示に従った。すると、玉は全部下方に転がり落ちた。

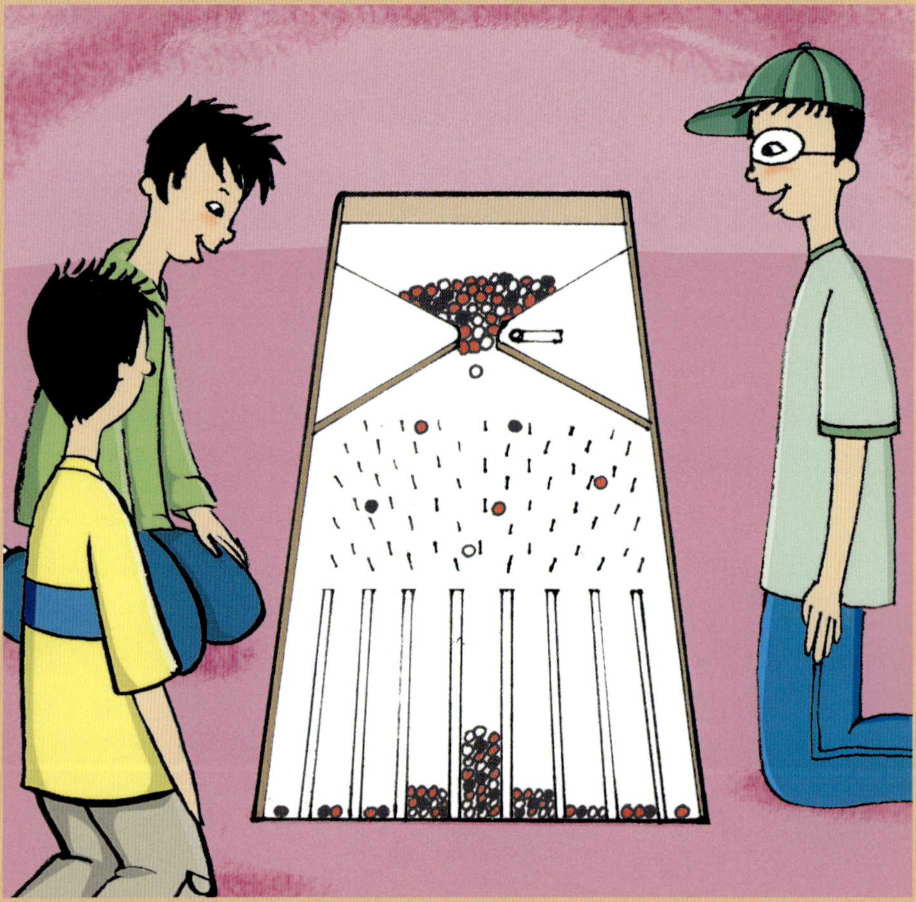

下に溜まった玉は山形をえがいていた。

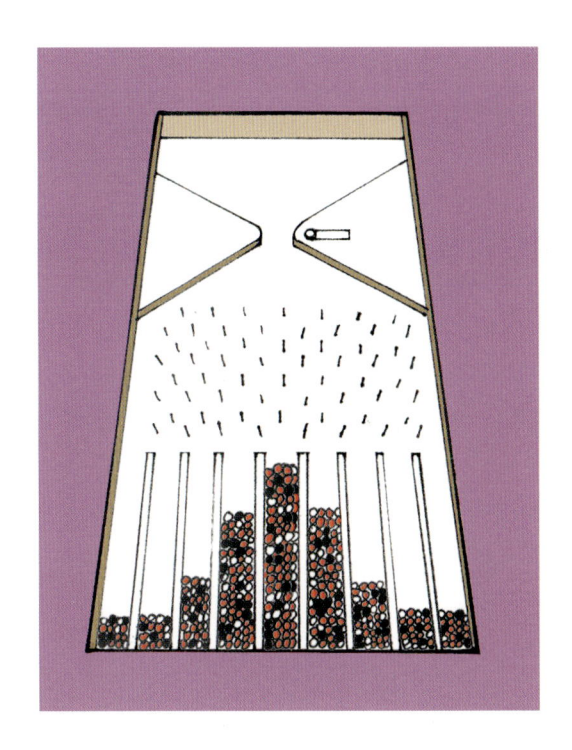

　キノがこの物体を反対方向に傾けると、玉はもとの場所に戻った。好奇心をくすぐられて、3人はいまの操作をもう一度繰り返した。
　「同じような形になったね」イチローが言った。
　「この形は"正規分布"という形なんだよ」ノリオが教えてくれた。
　3人はさらに3回試し、やはり同じ形になることを確かめた。

最後に玉を落としたとき、ジャイは模型に近づいて、玉が釘にぶつかって落ちる様子をジックリと観察した。玉が釘にぶつかって右または左に落ちる確率は同じだ。
　「どうして、玉の溜まり方はいつもあんなふうになるんだろう？」キノとイチローが知りたがった。
　「玉の溜まり方は、釘の配置と関係があるんですか？」ジャイがノリオに尋ねた。
　「そうだよ。関係があるんだ」ノリオは、3人がもう少し深く知りたがっていることに気がついて、彼らを黒板のところに連れて行って図をかいて説明しようとした。

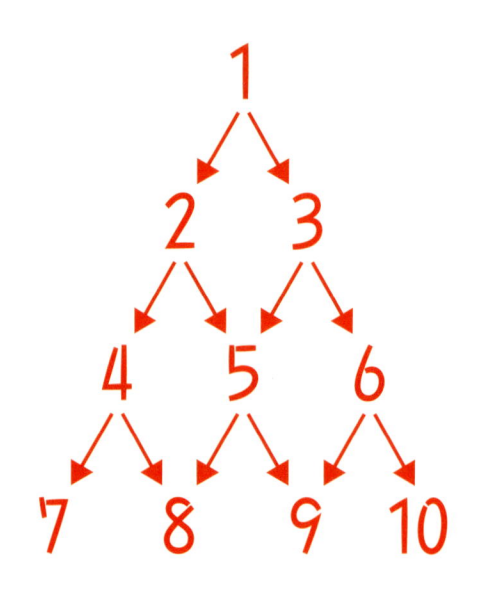

「ゲートを出た玉は、真下の中央の釘にまずぶつかる。すると、この玉は、等確率で右または左に落ちる。だから1段目の中央の釘において、右に行く確率と左に行く確率は1：1の比だ。次に、この玉は2段目の中央の左右2本のどちらかの釘に当たってさらに左下に行くか、真ん中に行くか、右下に行くのかの3通りの場合が考えられる。左下、真ん中、右下のどこに行くのか、その確率は1：2：1の比なんだ」

3人の様子を見てノリオはこう続けた。「ちょっとわかりにくかったかなぁ。それでは、違う考え方をしてみよう。それぞれの釘への経路の本数を数えてみようね。ゲートの真下の釘を1番、その左下の釘を2番、右下を3番、……と左ページの図のように釘に番号を付けるよ。ゲートを出たすべての玉は必ず真下の1番の釘に当たると考えられる。次に、2番の釘に行く経路は1通り、3番の釘に行く経路も1通りだね。3段目の釘を見ると、4番の釘には1通り、5番の釘には2通り、6番の釘には1通りの経路があるね。こうやって続けていくと、7番、8番、9番、10番の釘への経路はそれぞれ1本、3本、3本、1本だね。さらに下の段の釘への経路を同様に数え続けていくと、左右両端が1本で中央に寄るほど本数が大きくなるパターンが見えてくるんだよ。経路の本数が多いほど、玉がそこに行きやすいということだから、玉は最下段で山形を形成するというわけなのさ」

インストラクターのノリオはさらに黒板に書き続けた。

「いまのようにして求めた、それぞれの釘への経路の本数を釘の位置に書いてみるよ。さぁ、何が見えてきたかな？」ノリオが3人に尋ねた。

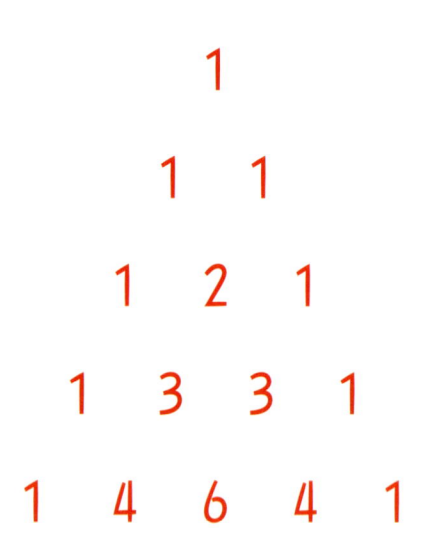

$$
\begin{array}{ccccccccc}
 & & & & 1 & & & & \\
 & & & 1 & & 1 & & & \\
 & & 1 & & 2 & & 1 & & \\
 & 1 & & 3 & & 3 & & 1 & \\
1 & & 4 & & 6 & & 4 & & 1 \\
\end{array}
$$

「この三角形状に並んだ数を、どこかで見たことがある気がするんだけどなぁ？」キノが言うと、

「パスカルの三角形だよ。いまの規則に従って、もっと下の段まで数を並べていったあと、偶数の数だけ色を塗るとおもしろい模様が浮かびあがるって先生が話してくれたことがあったよね」イチローが答えた。

「数学を学んでいくとねぇ、一見なんの関係もなさそうなたくさんのものがお互いに関連しあっているってことがわかってくるんだよ。数学を学べば学ぶほど、きっと君たちは、意外な関係が、色々なものにあるってことに驚くことになるだろうよ。パスカルの三角形も、色々なところに現れるのさ」ノリオがそう言った。

7章　最大公約数・最小公倍数自動製造機

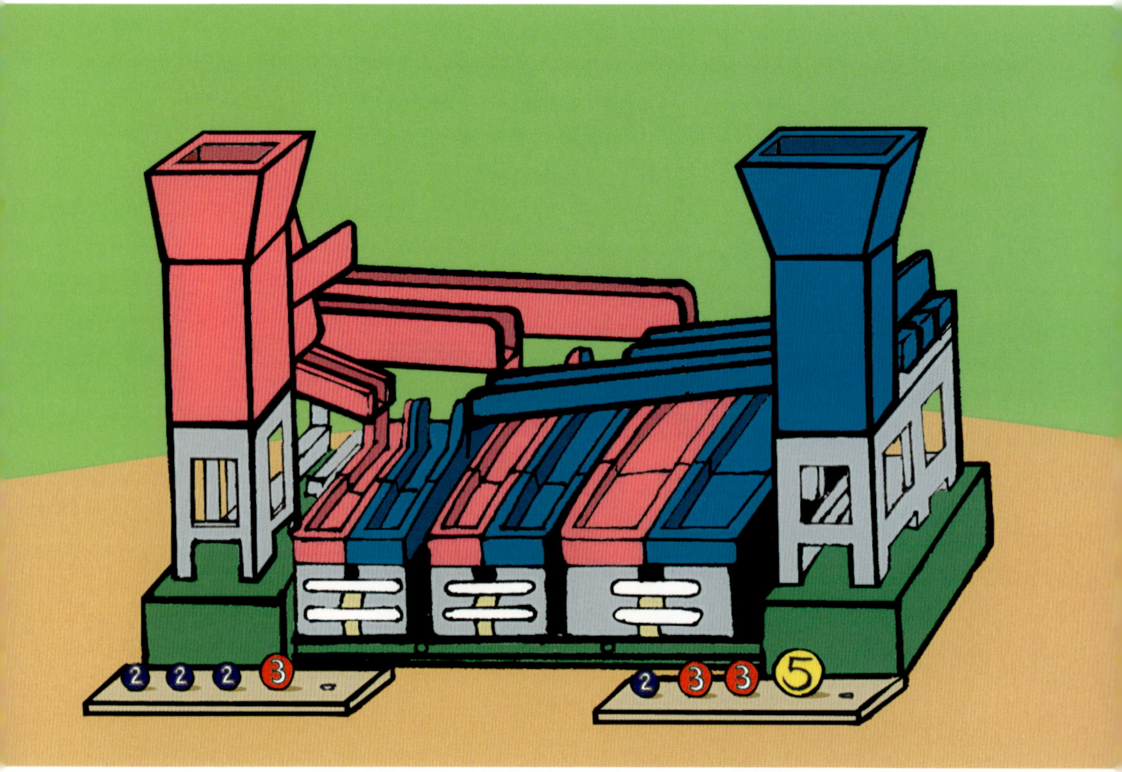
2
2
2
3
2
3
3
5

「これを見て！」イチローが2人を呼んだ。

「この機械は最大公約数（GCM）と最小公倍数（LCM）を自動的に計算するんだってさぁ」

3人は学校の授業で最大公約数と最小公倍数を習ったばかりだった。

「でも、この機械が計算できるのは、2と3と5の素因数をもつ数に対してだけだってここに書いてあるよ」

イチローがテーブルの上の注意書きを指した：

> この機械は、2と3と5の素因数をもつ数に対してのみ、作動いたします。

「OK。じゃあ、どうやってこの機械に計算させればいいのかなぁ」キノはそう言って、説明書きを探した。

3人は説明書きを読んだ

1. 2、3、5を素因数にもつ数を2つ選んで、それらを素因数分解してください。

彼らは、次の2つの数を選んで素因数分解した。

$$a=90=2×3×3×5$$
$$b=24=2×2×2×3$$

2. テーブルの上に2、3、5と書かれた玉があります。あなたが選んだ2つの数の素因数に該当する玉を、それぞれ用意してください。

3. 1つ目の数に該当する玉をすべて、片方の煙突のなかに、もう1つの数に該当する玉をすべてもう片方の煙突のなかに入れてください。

4. 玉は煙突のなかで自動的に仕分けられ、箱のなかに運ばれます。玉がすべて仕分けられると、それぞれの箱は天秤にかけられたかのように自動的に上下し、高い位置の箱と低い位置の箱に分かれます。高い位置にある箱の玉をすべてとり出して、それらの数の積を求めると、それが求めるべき最大公約数（GCM）です。低い位置にある箱の玉について、同様の計算をするとそれが最小公倍数（LCM）です。

彼らは、この手順に従ってaとbの最大公約数と最小公倍数を求めた。

GCM=2×3=6
LCM=2×2×2×3×3×5=360

　この機械で求めた結果が正しいことはわかったのだが、イチローはこの機械の仕組みを知りたくてしょうがなかった。

　なので、イチローは近くにいたミノルというインストラクターにこの機械の仕組みについて質問した。ミノルは喜んで説明してくれた。

　「煙突のなかに玉を入れると、煙突のなかで、玉の大きさごとにまず仕分けされるんだ。2、3、5の玉はそれぞれ小、中、大の大きさの玉になってるよね。それで、煙突の下には大、中、小3種類の玉の大きさに合った3通りの穴があいた板があるんだよ。この3つの穴は小、中、大の順番にあけられていて玉が煙突から落ちてくると最初に小さい玉だけが小さい穴に落ちて、中と大の玉は板の上を通過していく。

板の上を通過した3と5に相当する中と大の玉は、中くらいの穴に出くわすと、中くらいの大きさをした3の玉だけが下に落ちて、5の玉は板の上を通過していく……という具合いなんだ。
　次に、同じ煙突から送り込まれた同じ素因数どうしが同じ箱のなかに入れられる。たとえば、いま君たちが実験したb=24=2×2×2×3の場合は、2の玉が3つ同じ箱に、3の玉が別の箱に送り込まれてね。そして、それぞれの煙突に入れたすべての玉が箱に仕分けされおわると、2つの数a、bの同じ素因数の玉どうしの個数が比べられて（君たちが実験したa=90=2×3×3×5とb=24=2×2×2×3の場合は、2の玉について1個と3個、3の玉については2個と1個、5の玉については1個と0個という具合いに比べる）、シーソーのメカニズムによって少ないほうの箱が高く上がり、多いほうの箱が低く下がるんだ」
　「そうかぁ！　高く上がった箱は2つの数aとbに共通する素因数だから、これらを掛け算すれば最大公約数（GCM）が得られるというわけなんですね」イチローがミノルにかわって結論を述べた。イチローはミノルの説明が理解できて喜んでいた。さらにイチローが続けた。
　「そして、低く下がった箱には、2つの数a、bの素因数の同じものどうしを比べて多いほうの個数が入った箱だから、それらを掛け算すれば最小公倍数（LCM）が得られるんだぁ」
　「この機械は、最大公約数と最小公倍数を習っている真っ最中の僕たちにはすごく役に立つ機械だよなぁ。教室にこの機械があったらいいのになぁ」キノが言った。
　ジャイは、さらに深く探求心を働かせていた。
　「もし、2つの数a、bとして同じ素因数を同じ個数もつ数を選んだらこの機械はどうなるのかなぁ？」
　「そうだよ」イチローがジャイの疑問に乗っかった。
　「もし、こんな2つの数を選んだら、この機械はうまく作動するんですか？」

$$a = 90 = 2 \times 3 \times 3 \times 5$$
$$b = 60 = 2 \times 2 \times 3 \times 5$$

「そうだね。この２つの数には同じ個数の素因数、すなわち５が１個ずつ含まれているね。そうなったとき、シーソーのメカニズムがうまく作動できないだろうってことを心配しているんだね」ミノルが答えを続けた。

「実はねぇ、シーソーのように連なっているピンクとブルーの箱のペアについて、この機械ではあらかじめブルーの箱のほうをほんの少しだけ重たくしてあるんだ。だから、この機械では同じ個数どうしをシーソーにかけても、つりあって止まってしまって動かなくなるなんてことはないようになっているんだよ」

３人は実際に、a=90、b=60 の場合について確かめてみた。すると、５の玉がピンクとブルーの箱それぞれに１個ずつ入ったが、ブルーの箱のほうがピンクの箱よりもわずかに低く下がった。

「ほら、GCM=2×3×5=30
　　　　LCM=2×2×3×3×5=180

と、ちゃんと求められるでしょ」

　イチローは、すっかりこの機械に感心してしまった。箱のなかに入っている玉を全部眺めながら、突然、イチローはこう言った。

「あーっ！ 教室で習った公式

$$a \times b = GCM \times LCM$$

の意味がいま突然わかったよ」

「どうしてわかったんだ？」キノが尋ねた。

「えーとね、煙突に入れたすべての玉はGCMかLCMのどちらかの素因数になるわけだよね。だから、GCMとLCMを掛け算すれば、もとの2つの数a、bの積になるんだよ」イチローが説明した。

　ミノルはこの機械が3人の少年たちの算数の勉強に役立ったことがわかって喜んでいた。

　3人はミノルにお礼を言って、次の目的地を探した。

8章　バームクーヘンとスパゲティとスイカと

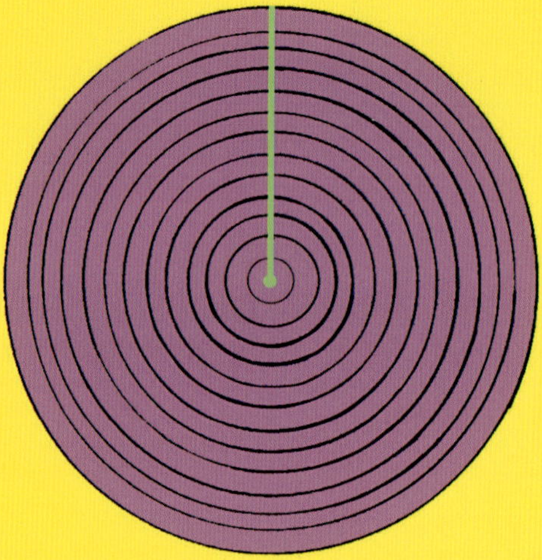

公開展示ホールには、もっともっと色々なものがあった。
テーブルの1つには、

円の面積

と書かれていた。そのテーブルの上には大きさの違う円環から成る丸いケーキのようなものが置かれていた。
　「バームクーヘンみたいだぁ」キノが言った。
　実際には、その円形の模型はお菓子ではなく、何層ものマジックテープでできたものだった。
　キョーコというインストラクターが3人のところにやって来て、こう聞いた。
　「円の面積の求め方を知っている？」
　「いいえ」3人が答え、さらにキノが、
　「まだ、その項目は学校の授業で習ってないんです」と付け加えた。
　「じゃあ、三角形の面積はどう？」
　「ちょうど習ったばかりです」と言うと、イチローは聞かれてもいないのに、

「底辺×高さ÷2」 とスラスラ唱えてみせた。

　「御名答！」キョーコはそう言うと、こう続けた：
　「"知らないものは、知っているものに帰着させよう"これが知らないものに出会ったときの有効な問題攻略法の1つなのよ」

「では、これから円を三角形に帰着させてみましょう」キョーコはそう言うと、バームクーヘンのような模型の半径に沿って入れられた切れ目を切り開いて、円を三角形状に変形させた。

「これで、もはや、円の面積は三角形の面積に帰着されたわね」

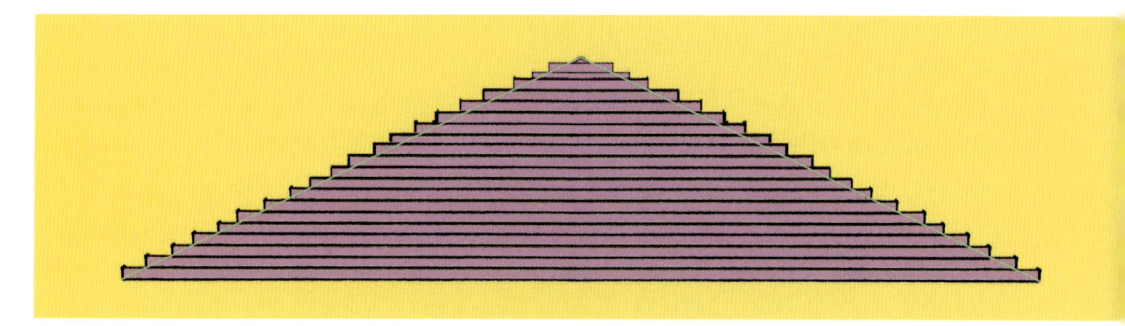

「では、この三角形の底辺は何？」キョーコが聞いた。

「それは、もとの円の円周です。でも、僕たちは円周の求め方もまだ習ってません」ジャイが答えた。

「それなら、お教えしましょう」キョーコはそう言って説明をはじめた。

「半径 r の円の円周は、円周率と呼ばれる π という特別な値を用いて、$2\pi r$ と表されるのよ。π は約 3.14 という値の数なの」

「三角形の高さは、円の半径に他ならないから、底辺が $2\pi r$ ってことは、この三角形の面積、すなわち円の面積は

$$2\pi r \times r \div 2 = \pi r^2$$

です」イチローが計算してみせた。

「素晴らしい！ 君たちは自力でこの公式を導いたのだから、きっとこの公式を忘れることがないでしょうね」キョーコが3人をたたえた。

でも、ジャイは完全には納得できていなかった。

「この形は三角形っぽくは見えるけど、辺がデコボコしているので、誤差があってピッタリ三角形の面積とはいえないんじゃないですか？」そう質問した。

「この模型はマジックテープでできているので厚みがあるのだけど、各層が紙のように薄い厚さだと考えてみて」キョーコはそう言うと、3人を黒板のところに連れて行って説明のための図をかきはじめた。

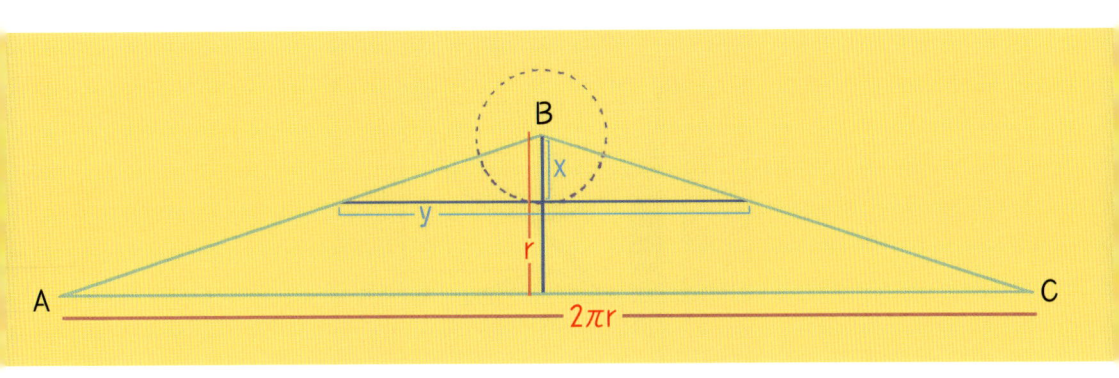

「円を切り開いた三角形をABCとしましょう。さっき言ったとおり、三角形の底辺ACの長さは$2\pi r$。

もとの円は、点Bを中心とする円環の集まりだったわよね。いま、点Bから$x(\leq r)$の距離にある円環は、切り開かれたら、この図のようにBからの距離がxで長さが$y=2\pi x$の線分になるでしょう。このとき、xとyの比は$x:y=1:2\pi$という一定の比になっているわね。ということは、底辺y、高さxの三角形は△ABCに相似だってこと、すなわち、この長さyの線分は△ABCを点Bからxの距離で切ったときに現れる線分に他ならない、つまり、△ABCから飛び出ることなくピッタリおさまっているってことでしょ。

ということは、バームクーヘン状の円環の集まりを切り開くと、実際には辺 AB と BC はジグザグのない線分になるってことなの」キョーコが解説した。
　ジャイはうなずいて、理解したことを示した。

　違うテーブルの上には、プラスチックのチューブで表面が覆われた半球と 2 つの円から成る模型があった。
　半球の下に、その球と半径が等しい 2 つの円が並んでいて、半球と 2 つの円の表面を 1 本のチューブが覆っていた。

そのテーブルには

球の表面積

と書かれてあった。

「はい、こちらはお椀に入った１人前のスープスパゲティと２人前のお皿に入ったスパゲティでございます」キノがおどけて言った。

キョーコが青い液体をチューブのなかに流し込み半球の表面を完全に青い液体でいっぱいにしたところで止めた。その後、彼女は空気を送り込んで、その半球の表面分の液体を円に移動させた。半球の表面が完全にカラになると同時に２つの円の表面がピッタリ青い液体でみたされた。

「この装置は、移動する液体の量で面積が同じだってことを示しているという点で、ピタゴラスの装置の1つと同じ仕組みですね」とジャイは言うと、

「いまの実験で示されたことを僕に整理させてください」と自分からすすんで前に出た。

「まず、

半球の表面積＝2×円の面積

です」

「そうね、そして、半球と円の半径が同じよね。それで、どうなるかしら？」キョーコが先を促した。

「したがって、

球の表面積＝4×円の面積
＝$4\pi r^2$

です」

次のテーブルには

球の体積

と書かれていた。そこには、スイカのような模様がえがかれた木製の球状の模型があった。

このスイカ模型がたくさんの円錐のような形に分解できることにイチローが気づいた。

「食べやすくスライスしたみたいだね」キノがそう言った。

イチローとジャイはその模型をジックリ見ながら考えていた。

「つまり、スライスされた円錐の体積を合計すればスイカの体積になるってことだよね」

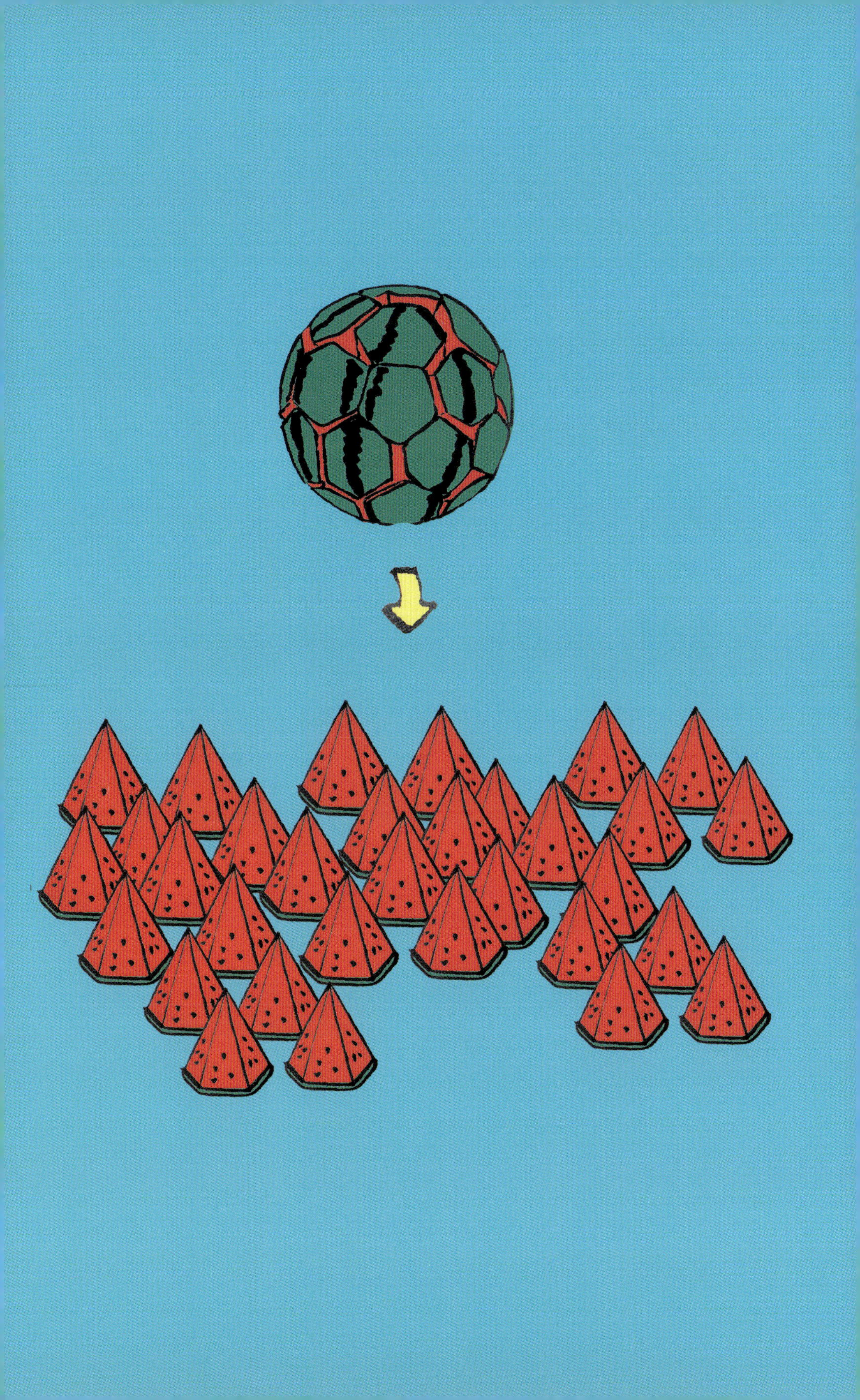

「わかりかけてるようね」キョーコが続けた。

「スイカのかたまりは球、そして分割されたスライスはどれも球の半径を高さにもつ円錐とみなせるでしょう。ということは？」と言うキョーコの言葉にジャイが、

「でも、ここでまた僕たちは手助けしてもらわなくちゃなりません。僕たち、円錐の体積を求める公式をまだ習っていないんです」と言うと、キョーコは

$$\text{円錐の体積} = \frac{1}{3} \times \text{底面積} \times \text{高さ} \quad \text{よ}$$

と教えてくれた。それを聞いたイチローが

「いまの場合、円錐の高さは r だから、

$$\text{球の体積} = \frac{1}{3} \times (\text{円錐の底面積の合計}) \times r$$

ここで、円錐全部の底面積の合計は球の表面積なんだから……」と言うと、ジャイがこのあとを続けた：

「さっきの装置で、球の表面積を求める公式は $4\pi r^2$ だって学んだばかりだから、それを使うと

$$\text{球の体積} = \frac{1}{3} \times 4\pi r^2 \times r = \frac{4}{3}\pi r^3\text{」}$$

イチローとジャイは、自分たちで公式を導き出すことができて喜んでいた。

　キノは公式を導き出すプロセスに貢献(こうけん)できなかったけれど、2人の説明を聞いていたので、導き方を理解できていた。

　「バームクーヘン、スパゲティ、スイカ、……。どれもこれも食べ物の話だったからお腹がすいちゃったよ。昼ご飯を食べに行こう！」キノが提案した。

9章　はらぺこさ(ぶ)んすう

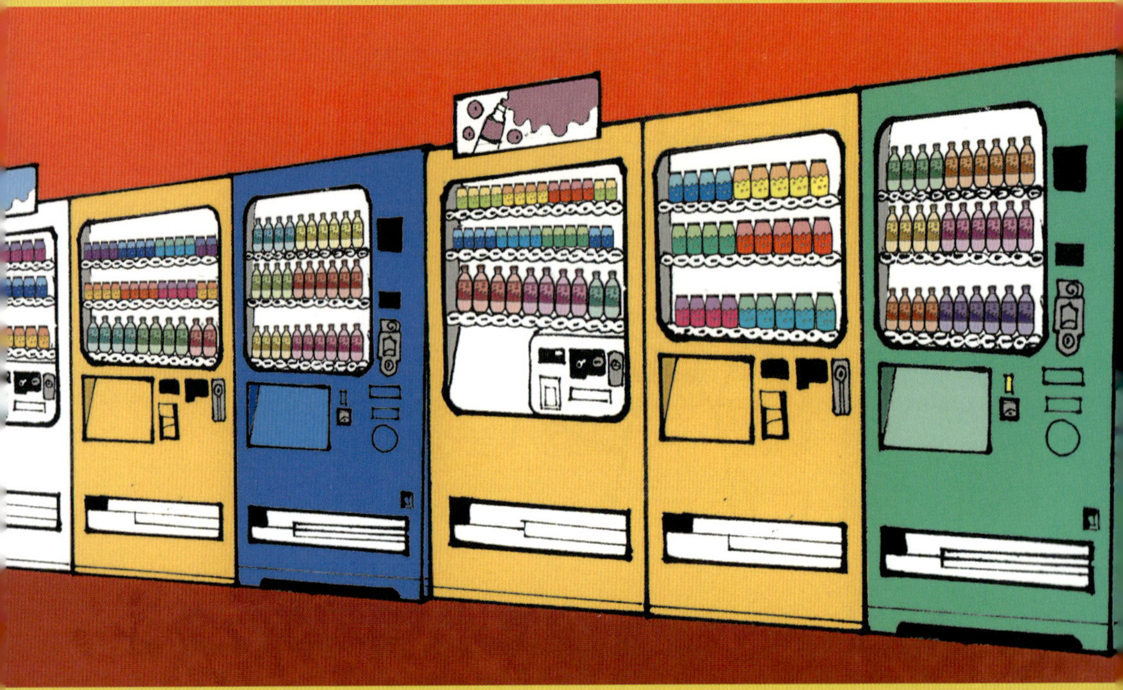

3人はとてもはらぺこだった。だけど、お昼ご飯にあまり時間をかけたくはなかった。
　「昼ご飯は素早くすませて、見学する時間にまわそう」イチローが提案した。
　「食事することのできる場所はありますか？」3人が通りがかりのインストラクターのお兄さんに尋ねると、
　「向こうにあるよ」と言って、

はらぺこさ（゛）んすう・ルーム

と呼ばれる場所を指して教えてくれた。
　「はらぺこざんす！」「そうざんす！」「早く食べたいざんす！」3人はおどけながら顔を見合せて笑った。
　その場所に、なぜそんな名前が付けられているのか、3人はその理由を徐々に知ることになる。
　係の人が、まず自動販売機用のコインを買ってくださいと言った。コインを見て3人はおもわず笑ってしまった。

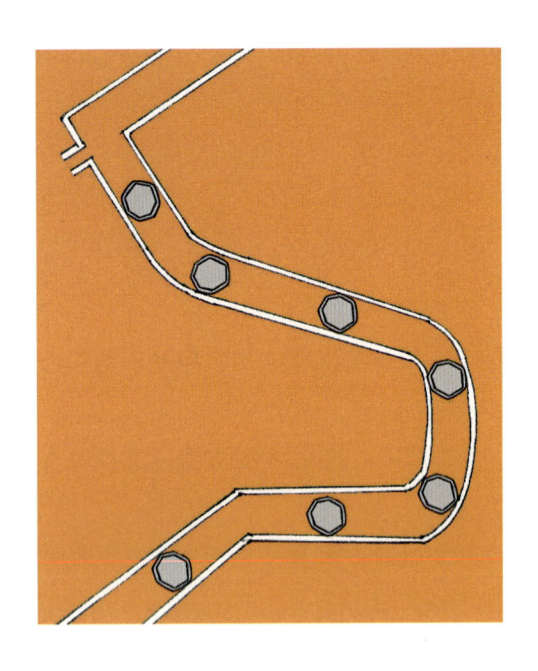

「このコイン、定幅図形（ていふくずけい）の形をしているよ！」イチローが言った。

自動販売機にコインを入れると、コインが自動販売機のなかのコイン通路を通って下に落ちていく様子（ようす）が透けて見えた。

「どうして、コインをこんな形にしたんだろう？」キノが不思議がった。

「それは、自動販売機のなかに一定の幅の通路をとり付ければ、定幅（ていふくず）図形ならふつうの円形コインと同じように、どんな向きに転（ころ）がっても、ひっかかってしまうことがないからだろう」ジャイが説明した。

自動販売機のなかの1台は、おにぎりを売っていた。
「太っちょ三角形だ！」3人は声をあげた。
　彼らはサンドウィッチと飲み物を買って、イート・イン・スペースに向かった。席につくとすぐに、正面に貼られている何枚ものポスターが目に飛び込んできた。それはどれも食に関係した数学の問題を、1枚に1題ずつ紹介していた。
　お昼ご飯を食べつつ、3人は紙ナプキンに図をかきながら1問目の問題について話し合いをはじめた。

3種類の正方形のピザがあります。
SサイズとMサイズの2枚のピザを食べても、Lサイズを1枚食べても、料金は変わりません。
はらぺこでたーくさん食べたい時に、SサイズとMサイズの2枚か、それともLサイズ1枚かあなたはどちらを選びますか？

S　　　　M　　　　　　L

　「3枚の正方形といったら、ピタゴラスの定理が思い浮かんだよ」キノがそう言うと、イチローがその言葉に反応した。
　「いいせん、いってると思うよ。S、M、Lの正方形を直角三角形の3辺の位置になるように置いてみたらどうなるかな？」
　イチローの考えに基づいて考えた3人の解答は次のページのようなものだった。

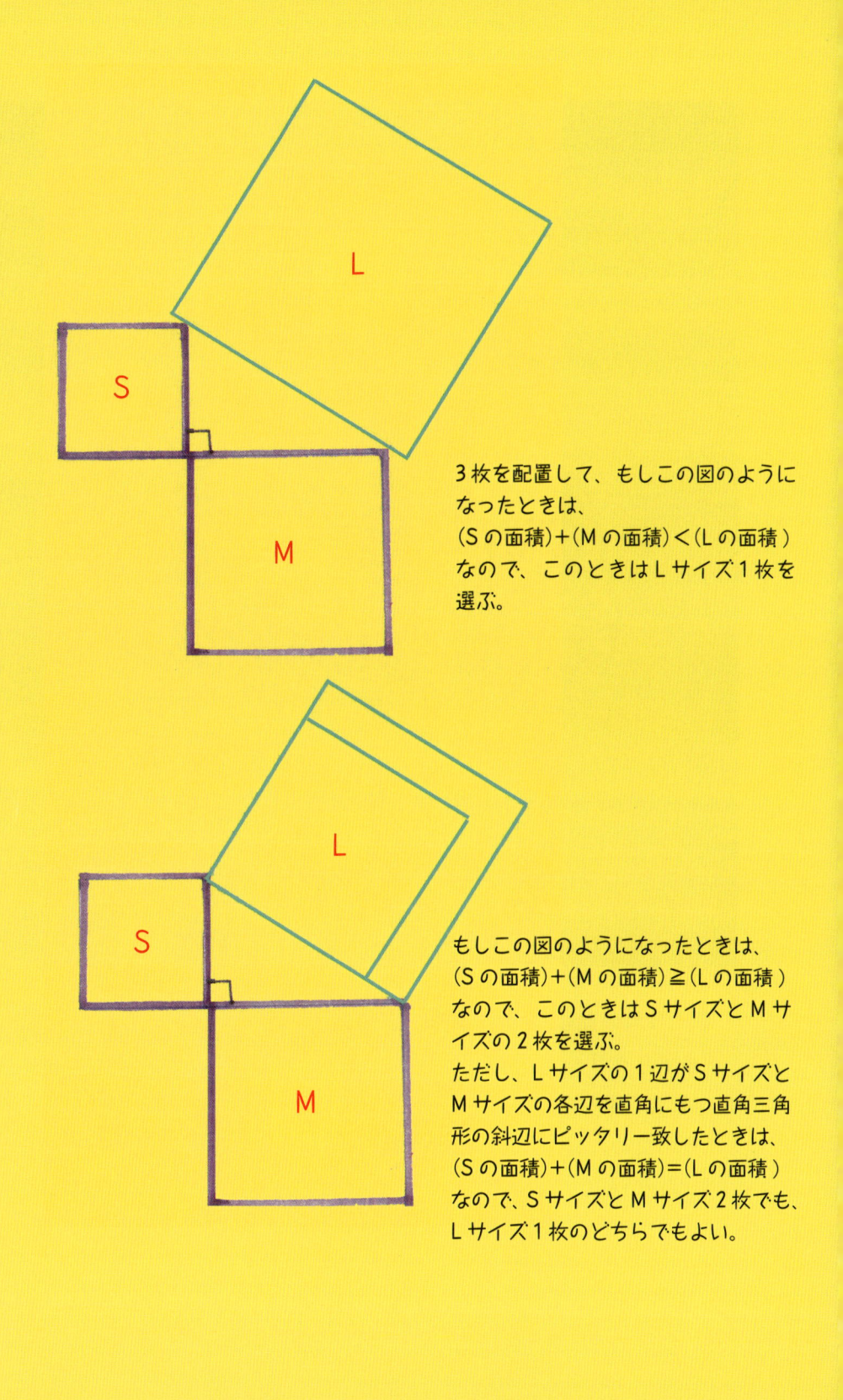

3枚を配置して、もしこの図のようになったときは、
(Sの面積)＋(Mの面積)＜(Lの面積)
なので、このときはLサイズ1枚を選ぶ。

もしこの図のようになったときは、
(Sの面積)＋(Mの面積)≧(Lの面積)
なので、このときはSサイズとMサイズの2枚を選ぶ。
ただし、Lサイズの1辺がSサイズとMサイズの各辺を直角にもつ直角三角形の斜辺にピッタリ一致したときは、
(Sの面積)＋(Mの面積)＝(Lの面積)
なので、SサイズとMサイズ2枚でも、Lサイズ1枚のどちらでもよい。

下図のようなチョコレートケーキがあります。

45

30

このケーキは、上面と側面にチョコレートクリームが塗られています。このケーキに垂直に切れ目を入れて3人で分けることになりました。スポンジの量も、クリームの量も3等分になるように、かつ、どれも上面が四角形の形になるように3つに分けるには、どのようにケーキを切ったらよいでしょうか？

　壁には他の問題も貼られていたが、3人はこのポスターの問題を選んだ。
　「まず、クリームの量を3等分するのは簡単そうだよ」ジャイがそう切り出して言葉を続けた。
　「そのためには、真上から見た長方形の周の長さが3等分されるようにすればいいんじゃないか？」

3人は計算をはじめた。

$$周の長さ = 2 \times 45 + 2 \times 30 = 150$$

だから、周を3等分すると、

$$150 \div 3 = 50$$

「たとえば、こんなふうに、周上に3点A、B、Cをとれば、AからB、BからC、CからAが50ずつになっていて3等分できるね」キノが言った。

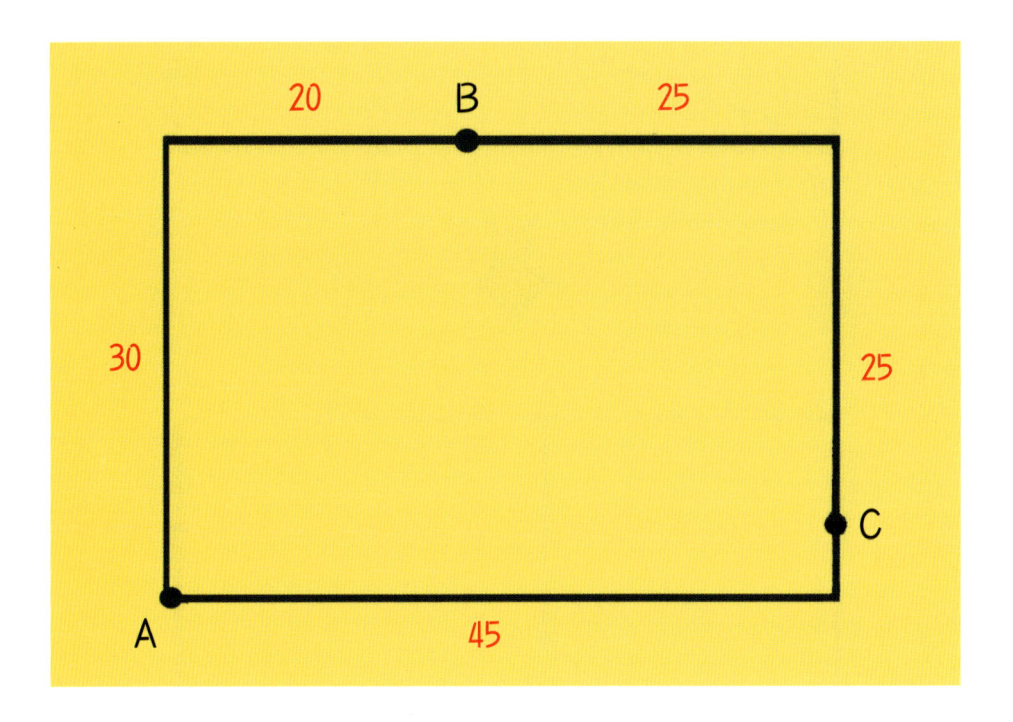

イチローが続いた。
「そして、長方形の面積は

$$30 \times 45 = 1350$$

だから、スポンジを3等分するためには、1人分の面積が

15

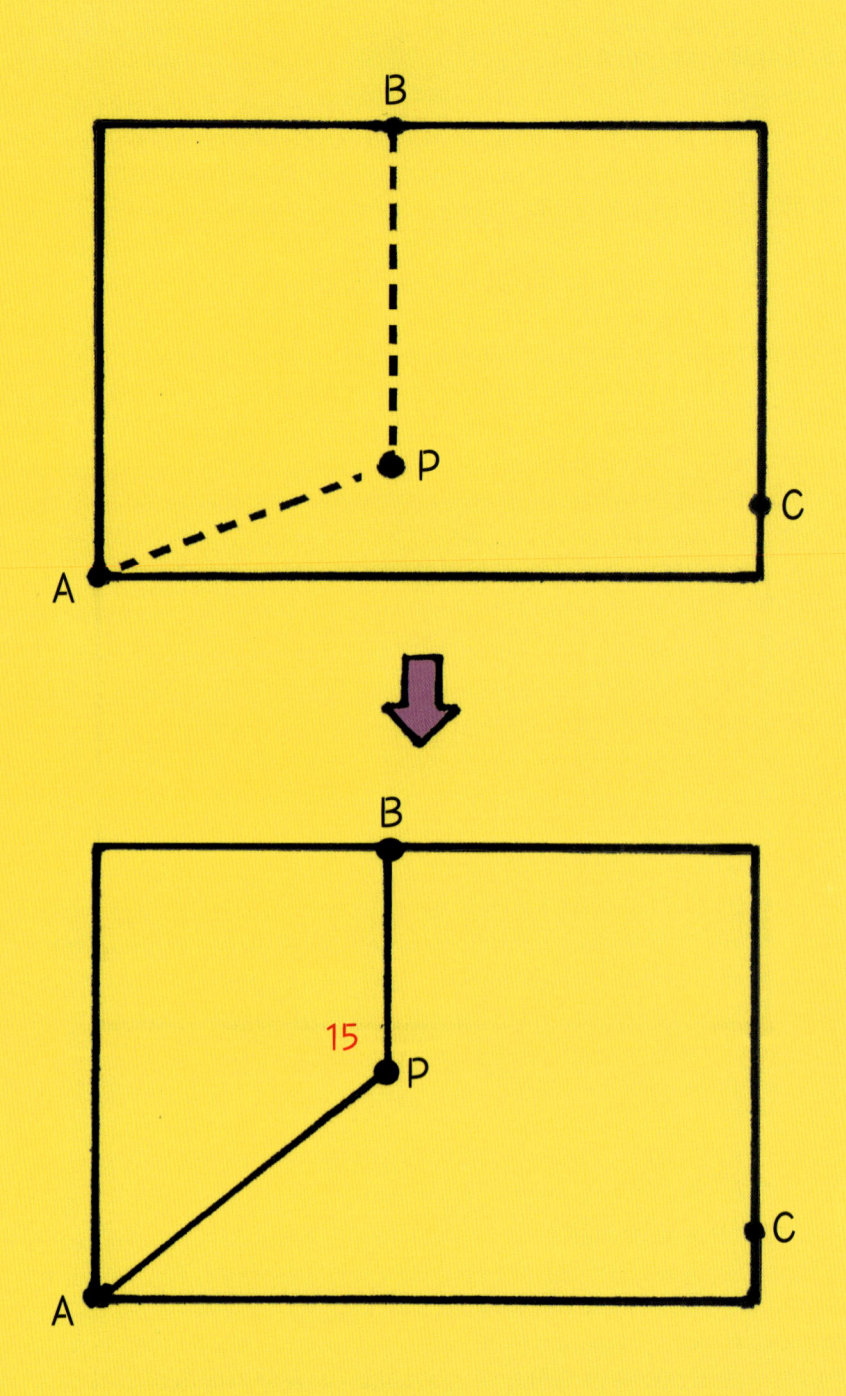

$$1350 \div 3 = 450$$

になるように分ければいい」さらにイチローが続けた。

「この問題は長方形の周の3等分と、面積の3等分を同時にみたすようにケーキを分けなければいけないんだから、まず、AからBへの周を2辺にしていて、面積が450になる四角形を見つけなければならないよね。どうやったらそんな四角形を見つけられるんだろう？」イチローが2人に助けを求めた。

「AからBへの周を2辺にしたとき、残りの2辺は長方形の内部に引くことになるよね」ジャイはそう言いながら一生懸命考え、「ところで、僕たちに面積がすぐ求められる四角形の種類っていったら……」と言うと、すかさずイチローが「たとえば台形なら求められるよ」と答えた。

「じゃあ、AからBへの周を2辺とする台形をかいてみようよ」ジャイはそう言うと、点Bから垂直に線を引いた。「この線をもう1辺とする台形をかくとすると、BPの長さをいくつにすれば、面積が450になるかを考えよう」このジャイの言葉にイチローが続いた。

「台形の面積の公式は、

$$（上底＋下底）\times 高さ \div 2 = （台形の面積）$$

だから、いまの場合はBPの長さを a と置くと、

$$(a+30) \times 20 \div 2 = 450$$ だ」

3人はこの式を解いて、a=15 を求めた。

イチローが長方形のなかに、BP=15 となる位置に点Pをかき入れた。

11

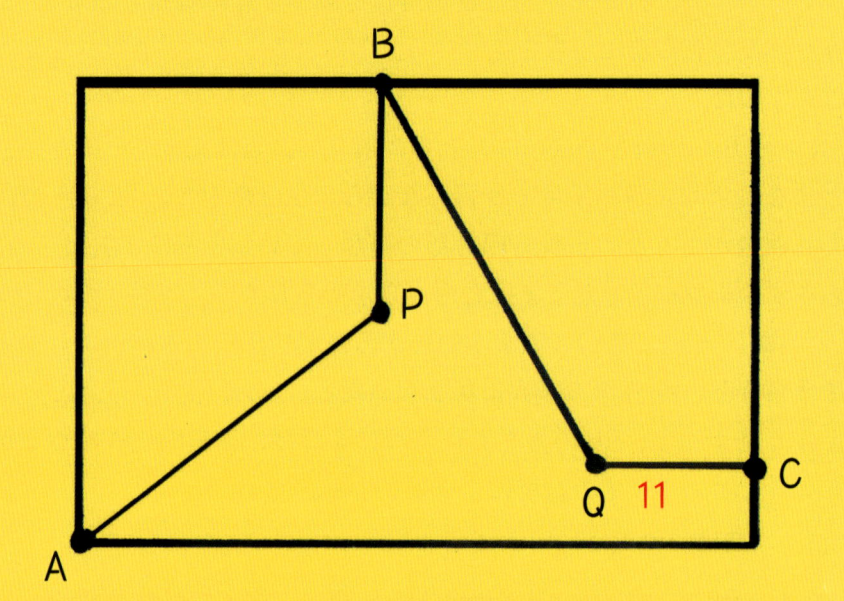

「同じように考えて、今度はBからCへの周を2辺とし、面積が450になる台形を求めてみよう。Cから水平方向に線を引いて点Qをとるとするよ。CQ=bと置くと……」ジャイの言葉に従って、3人はさっきと同様に次の式

$$(b+25) \times 25 \div 2 = 450$$

を立て、これを解いてb=11を求めた。そしてCQ=11となる位置に、点Qをかき入れた。

「これで、スポンジもチョコレートクリームも3等分された！　でも、2つの台形以外の残りの形が四角形になっていないなぁ……」イチローがガッカリした声で言った。

彼らが、このあとをどうやって処理したらよいのかわからず諦めかけようとしていたとき、自動販売機のところにインストラクターのお兄さんがいることにキノが気づいた。

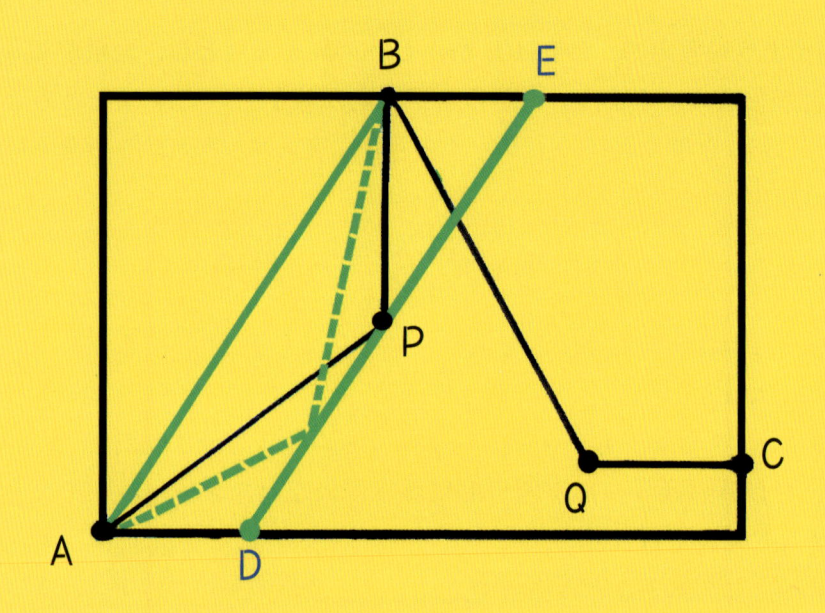

「あのインストラクターのお兄さんに手伝ってもらおう」キノはそう言ってインストラクターのところに駆けて行き、彼を連れて戻ってきた。

「僕のことはヤスと呼んでね」インストラクターのお兄さんが、そう自己紹介した。ヤスは「この問題は、やさしい問題じゃないからね」と3人を気遣うように言うと、説明をはじめた。

「まず、線分 AB を引いてみよう。次に点 P を通って AB に平行な線を引くよ。このとき、点 P が線分 DE 上のどこに移動しても、三角形 APB の面積が変わらないってことはわかるかな？ その理由は、P がどこに動いても三角形の底辺 AB は一定で、高さはいつも2本の線分 AB と DE の幅で一定だからね」

さらにヤスが、
「次に、もう1つの台形についても、同じことをやってみよう」と言うと、
"待ってました" とばかりにイチローが長方形のなかに線分 BC を引き、
続けて点 Q を通って BC に平行な線分 FG を引いた。

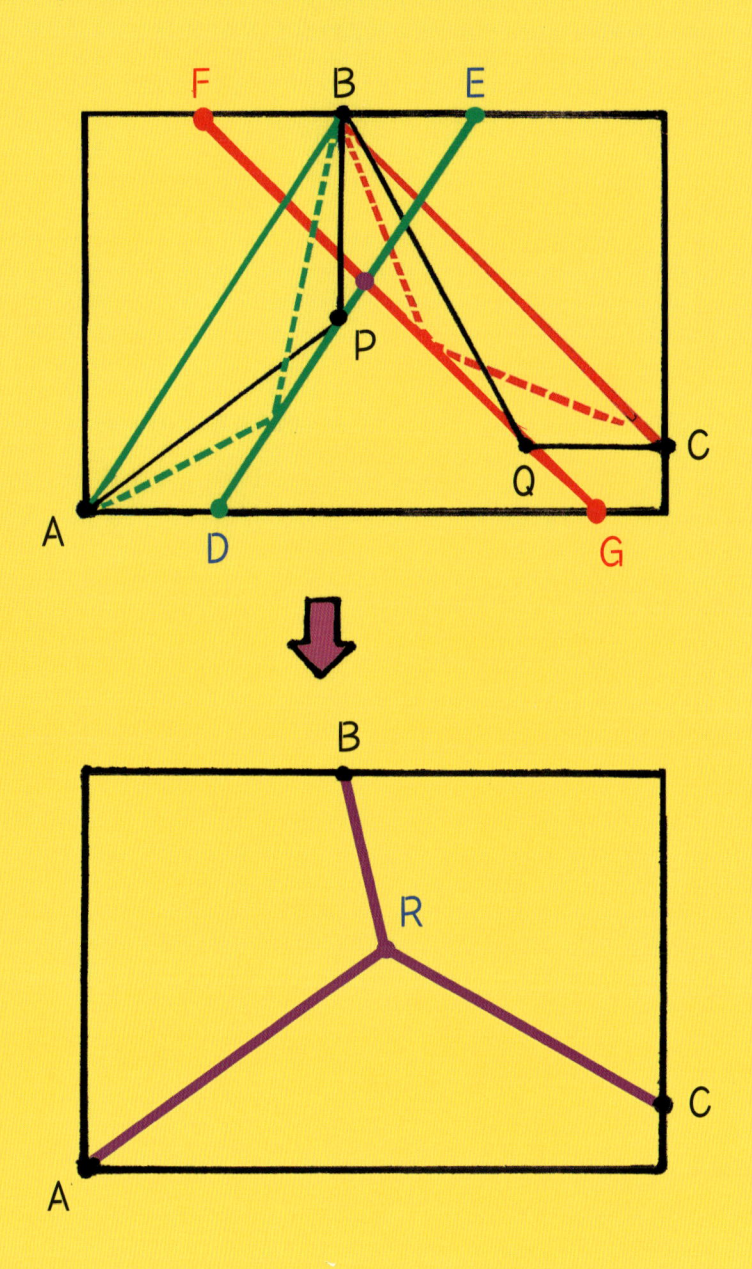

「あっ！　PをDE上で動かしても、QをFG上で動かしても、2つの四角形の面積はどちらも450のまま変わらないよ！　だから、……」ジャイの言葉をさえぎるようにイチローが「わかったぞ！」と大きな声で言うと、説明を続けた。
　「点Pと点Qを線分DEとFGの交点の位置Rにくるようにすればいいんだよ！　そうすれば、3つ目の残りの部分も四角形になるよ」
　ややこしい問題が解決できて3人は満面の笑みを浮かべた。ヤスもそれを見て嬉しそうだった。「よくやったね」ヤスが褒めてくれた。
　「はらぺこさ（゛）んすうルームって、"はらぺこざんす"、"そうざんす"って、はらぺこさんが集まってくる部屋ってことじゃなくて、"はらぺこの人が考える算数"の部屋ってことだったんですね」キノが気の利いたことを言った。
　ジャイは他のポスターに紹介されている問題のなかの1題をコピーしてもらった（次のページの問題）。家に帰ったら挑戦してみようと思っているのだ。お昼ご飯の時間は予定していたよりも長引いてしまっていた。「次の部屋に行こう」イチローが言った。

フランスのプロバンス地方に、カリソンという焼き菓子があります。アーモンドペーストとメロンペーストでできたお菓子で、1枚の形は2枚の合同な正三角形を辺で貼り合わせた菱形のような形をしています。

1辺の長さが1のカリソンで、図のようなマス目がかかれた、1辺の長さ3の六角形状のシートを敷き詰めるとします。

ただし、このシートに置くカリソンの向きは、次の(a)〜(c)の3つだけとします。

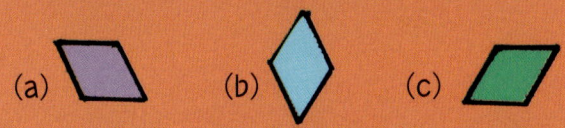

(a)　　　　(b)　　　　(c)

カリソンの敷き詰め方は何通りもありますが、複数通りの違う敷き詰め方を見つけてください。そして、それぞれの敷き詰め方において、(a)〜(c)の向きの違うカリソンがそれぞれ何個ずつになっているのかを数えてください。さて、君はどんなことに気がつくでしょうか？

10章　円錐の断面

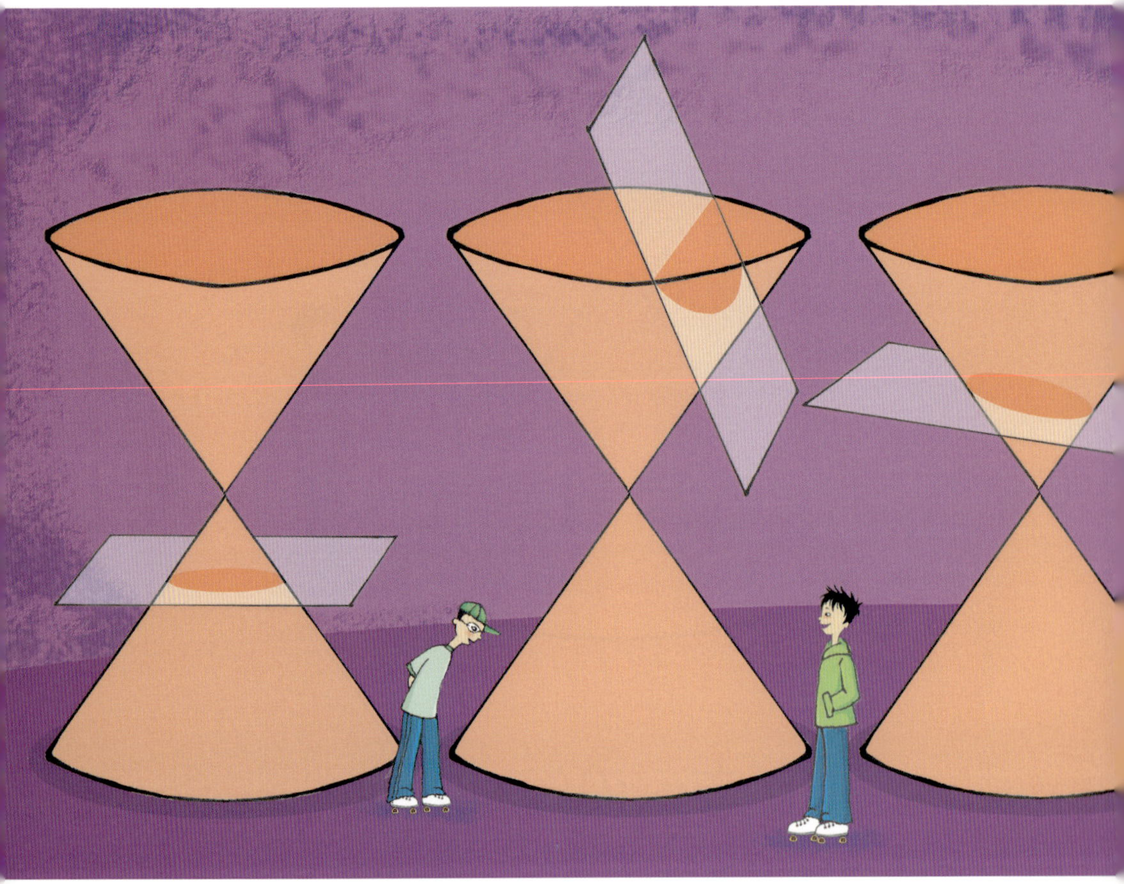

はらぺこさ(ﾞ)んすう・ルームの近くに、3人の興味をそそる部屋があった。プラスチック製の大きなダブル円錐が4つ、入口のところに並んでいたのだ。3人が近づくと、ダブル円錐をそれぞれ違う角度の平面が切断していて、その断面に現れる曲線がハッキリと見えるようになっていた。壁にかかった看板には

円錐曲線

と書かれていた。部屋のなかに入ると、円錐曲線について説明するポスターが貼ってあった。

円錐曲線
えんすいきょくせん

円錐曲線とは、上下ペアの直円錐を平面で切ったときに、断面の縁に現れる曲線のことです。平面と円錐の軸の成す角度によって、断面には、円、だ円、放物線、双曲線のいずれかが現れます。

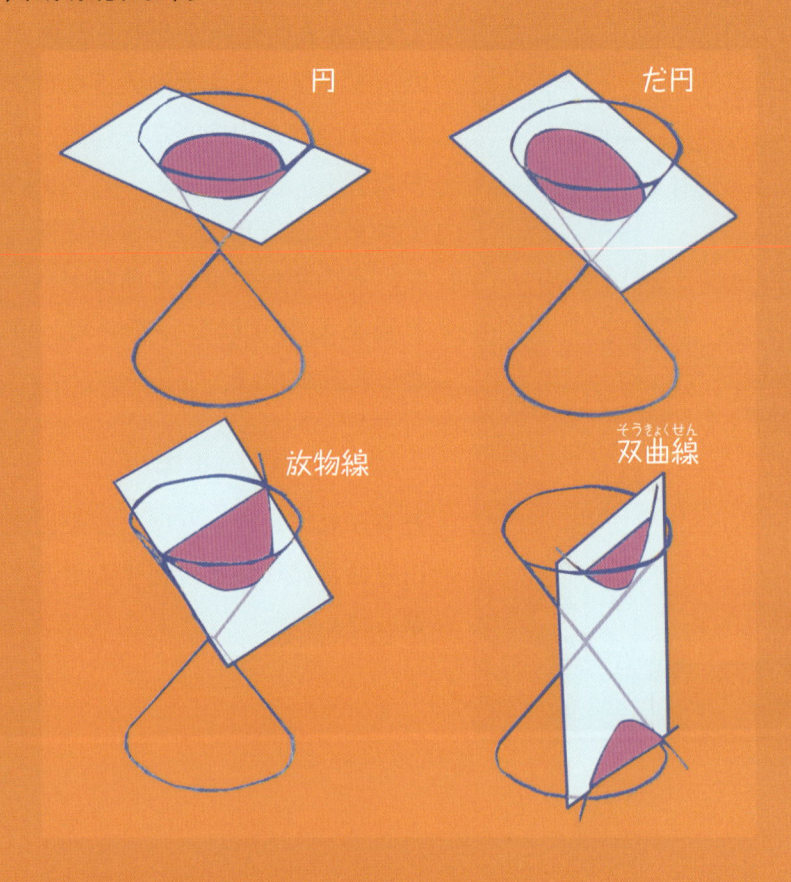

円　　　　だ円

放物線　　双曲線（そうきょくせん）

円錐曲線の研究は、ユークリッド（紀元前300年頃）、アルキメデス（紀元前287〜212年頃）、アポロニウス（紀元前260〜190年頃）などの古代のギリシャの幾何学者たちまで、さかのぼることができます。
　円錐曲線は古代ギリシャの時代から数学やそれを応用した学問や技術に重要な役割を果たしてきました。
　古代から、惑星が太陽のまわりをまわる軌道は円軌道だと考えられていましたが、ヨハネス・ケプラー（1571〜1630年）は、それがだ円軌道であることを発見しました。1672年にフランスの天文学者シウル・カセグレンが双曲鏡と放物鏡の両方の反射の性質を用いたカセグレン式反射望遠鏡を発明しました。この望遠鏡は、現代の先端をゆくハッブル望遠鏡にも組み込まれています。また、イギリスの天文学者エドムンド・ハレー（1656〜1742年）は、だ円軌道の研究の末、ハレー彗星が76年周期で現れることを予測しました。

3人は円以外の円錐曲線(えんすいきょくせん)については、ほとんど知らなかった。だけど、この部屋にいる多くのこどもたちが、かなり大がかりな模型や装置で遊んだり実験したりしているのを見て興味をもった。
　まず、ビリヤード台のようなもののところに行った。その形はだ円だということが3人にはわかった。
　「このビリヤード台は、片方の玉をどの方向に打っても、必ずもう一方の玉に当てることができるんだよ」サツという名前のインストラクターが彼らに近づいてきて言った。
　「どうやってプレーすればいいんですか？」キノが聞いた。
　「だ円には焦点(しょうてん)と呼ばれる特別な点が2か所あるんだ。その2点にまず玉を1つずつ置いてみよう。キューと呼ばれるビリヤードの棒で一方の玉を突くと、転がった玉は必ずもう一方の玉に当たるよ。さぁやってみて」

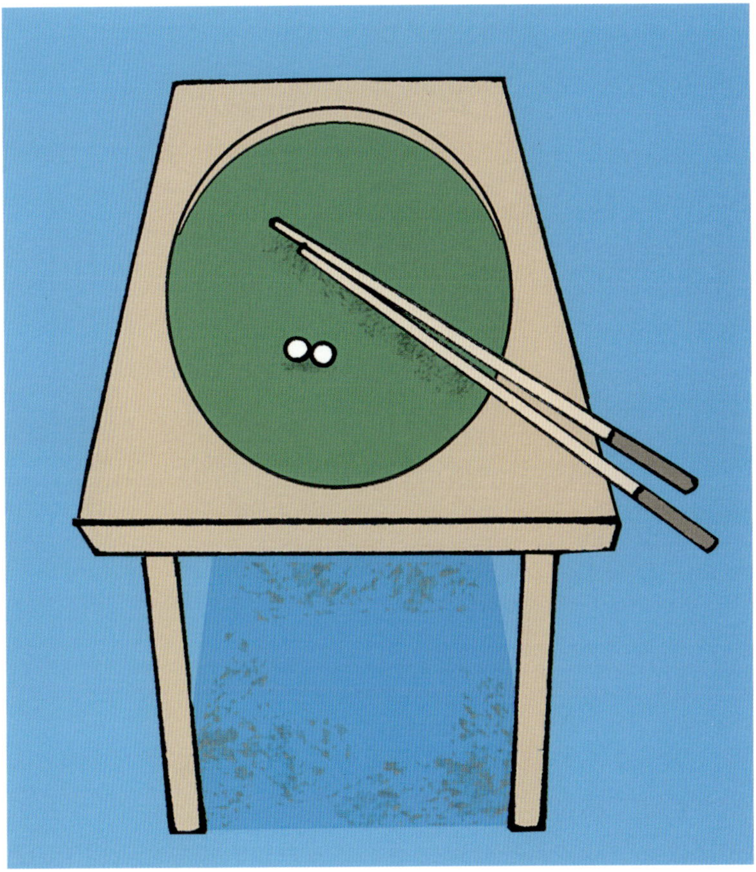

イチローがキューを手にとって片方の玉を突くと、サツが言ったとおりに、だ円形の縁で跳ね返った玉はもう一方の玉に当たった。
　キノが次に、ジャイがその次にやってみたが、玉をだ円周上のどこに当てても、結果はいつも同じだった。
　「どうして、こうなるんですか？」3人はサツに質問した。
　「それは、だ円には固有の反射の性質があるからなんだよ」サツはそう言うと、3人をだ円について説明するポスターのところに連れて行った。

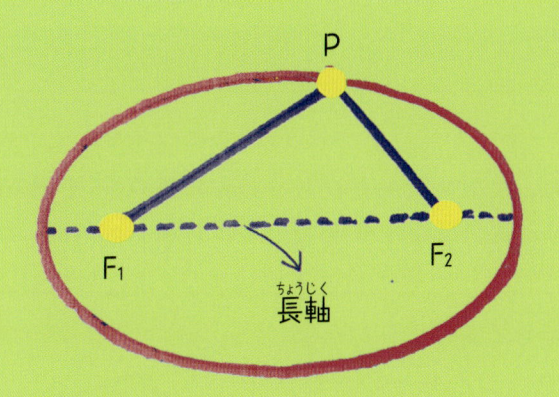

だ円の定義

2つの定点 F_1、F_2 への距離の和が一定な点の軌跡をだ円といいます。
定点 F_1、F_2 をこのだ円の焦点といいます。

だ円の焦点の性質（反射の性質）

だ円の焦点には、次の特別な性質があります：
『一方の焦点から出た光は、だ円円周上のどこの点 P で反射しても、必ずもう一方の焦点に集まる』

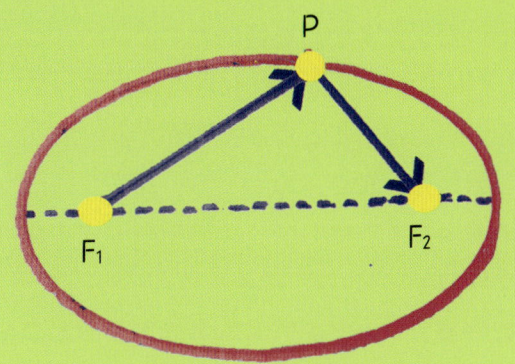

「このビリヤード台で焦点F_1の位置にある玉を突くと、だ円周上のどこにあたろうとも、反射したあと、もう一方の焦点F_2を通るんだよ。円錐曲線の仲間の放物線や双曲線にもそれぞれ固有の反射の性質があるんだ」そう言うとサツはさらにこう言った。「次は放物線の反射の性質を使った模型を見せてあげよう」

サツは3人を、おもちゃのゲームのような模型が展示されている別のテーブルのところに連れて行った。その模型は、色々な位置から曲線に向かってボールを発射すると、曲線で反射した玉が必ず穴に集まって下に落ちるというものだった。この曲線が放物線だということが3人にはすぐにわかった。

一生懸命考えていたジャイが口を開いた。

「だ円型のビリヤードでは玉はいつも焦点に集まっていましたが、この装置の穴も放物線の焦点ってことなんですか？」

サツはジャイの洞察力の鋭さにめんくらいながら、「そうだよ！ 放物線には焦点が1点あるんだよ。そして、この模型の穴のあいている点が、この放物線の焦点なんだ」

サツは3人を放物線について説明するポスターのところに連れて行った。

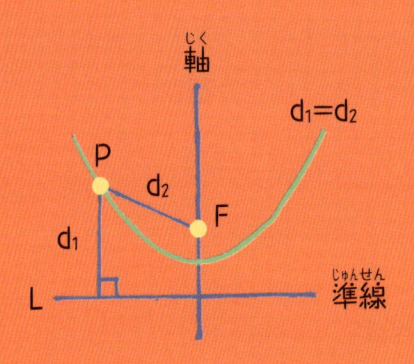

放物線の定義

定点Fへの距離と、この点を通らない定直線Lへの距離が等しい点Pの軌跡を放物線といいます。このような定点F、直線Lをそれぞれ焦点、準線といいます。

放物線の焦点の性質（反射の性質）

放物線の焦点には、次のような特別な性質があります：
『軸に平行な光線が放物線上のどの点で反射しても、必ず焦点に集まる。逆に、焦点Fの位置に光源を置くと、そこから出て放物線に反射した光は軸に平行な方向に出て行く』

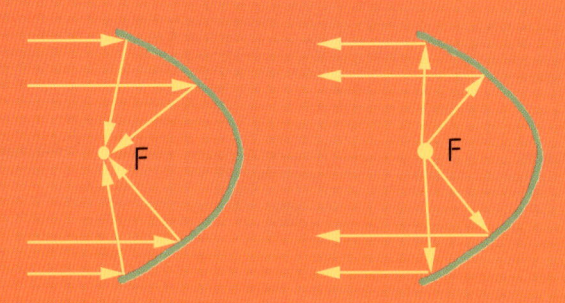

「君たちの家に、TV のパラボラアンテナはある？」

「はい」3 人が答えると、サツはこう続けた。

「放物線を英語で言うと、"パラボラ"って言うんだよ。パラボラアンテナの形は、放物面をしていて、ポスターの"放物線の反射の性質"のところに書かれていたのとまさに同じ働きをしているんだよ。つまり、パラボラアンテナは受信した電波を焦点(しょうてん)に集めることによって、君たちの TV により良い画像や音響を提供しているんだ」

少年たちはこれを聞いて驚いた。なぜなら、自分たちの TV 画像に数学が関係しているなんて考えてみたことがなかったからだ。

「放物線からどうやって放物面をつくることができるんですか？」ジャイが質問した。

「放物線を軸(じく)のまわりに 180°回転すると放物面をつくることができるよ」サツが答えた。

サツは 3 人を、放物面の反射の性質を応用したいくつかの実用品のところに連れて行った。そこには、パラボラアンテナ、ハロゲンヒーター、車のヘッドライトなどがあった。

近くにいた2人のこどもたちが、上に向いた放物面に向かって、同時に、同じ高さからピンポン玉を落としていた。すると、2つのピンポン玉は、それぞれ放物面で反射したあと、ある1点で衝突した。

　3人の少年たちは、この実験をしばらく見ていた。彼らには、この衝突点が、放物面の焦点(しょうてん)だということがわかっていた。

　「館外に、放物面を応用した実験装置があるんだけど、君たち、見たいかい？」サツが3人に聞いた。

彼らは階段を昇って、ワンダーランドのグランドに出た。
　サツは放物面が置かれている場所に3人を案内した。少年たちがグランドを見回すと、そこは、たくさんの大きな展示物が置かれた青空展示場になっていた。
「まだ見ていないものが一杯(いっぱい)あるね」キノが感慨深(かんがいぶか)げに、そう言った。
「館内のものを全部見てから、外のものを見ることにしようよ」イチローが言うと、
「今日、丸1日あっても、館内だけでも全部見ることができないぐらいたくさんあるよね」ジャイが言った。

　サツは焦点(しょうてん)の位置にじゃが芋(いも)を設置した放物面を紹介した。彼は、太陽光が軸(じく)に平行になるように曲面の向きを調整しながら、
「もうちょっとすると、じゃが芋(いも)がホクホクに焼けるよ」と言った。

じゃが芋が焼けるまでのあいだ、サツは隣に置いてあった実用化されているエコ商品、ソーラー料理器を紹介してくれた。底が放物面になっていて、太陽の方向に向くように調整できた。そして、焦点の周辺にやかんやフライパンを載せる板が付いていた。
　「卵をゆでてみよう」サツはそう言うと、やかんに水を入れて、そのなかに卵を入れ、板の上に載せた。
　3人はこの実験にウキウキしていた。まもなくじゃが芋の皮の色が変わり、やかんの水も沸いてきた。
　「ピクニックに持って行きたいね」キノが言った。

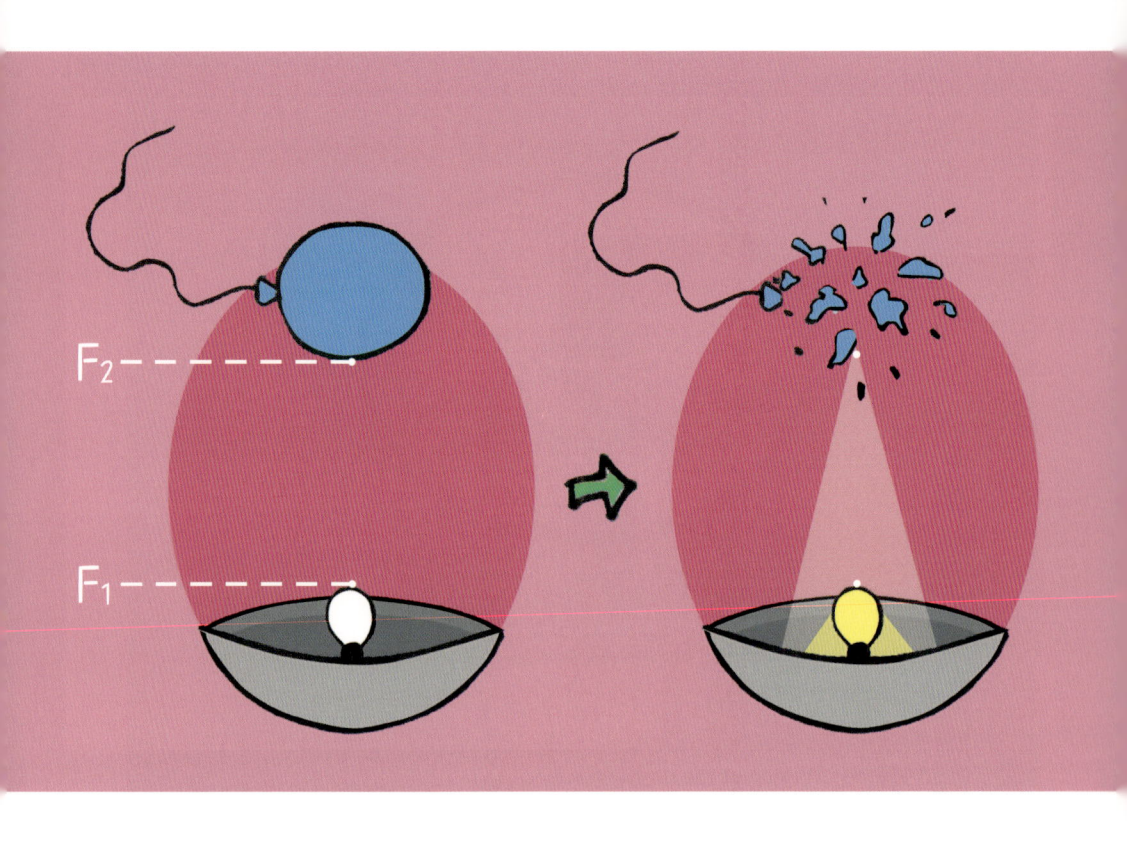

サツが彼らにベイクド・ポテトとゆで卵を手渡すと、4人は館内の円錐曲線の展示室に戻った。

　「向こうに行こう」サツが3人を次の装置のところに案内した。それは、中央に電球の付いた鉢のようなものだった。

　「この鉢は、だ円曲面の一部を切り取った形をしているんだよ。そして、だ円曲面の2点の焦点のうちの一方の焦点の位置に電球がとり付けられているんだ」サツが説明した。

「それで、この装置は何をするんですか？」イチローが説明の途中に割り込んで聞いた。

「もう一方の焦点の位置に風船を置いて、それを破裂させてみようじゃないか」サツが言った。イチローが言われたとおりに風船を設置し、サツが電球のスイッチをONにすると、風船はまもなく破裂した。

「何が起きたのか説明できるかな？」サツが3人に尋ねた。

「僕の考えでは、一方の焦点の位置から出た光が底のだ円曲面に反射して、風船の置かれたもう一方の焦点に集まったんです。集まった光の熱が風船を破裂させたんだと思います」イチローが答えた。

「100点満点の答えだ」サツが褒めた。

「病院では、同じ原理を使って腎結石を破壊して治療しているんだよ」サツが言った。

3人はサツの言っていることが完全には理解できなかったので、

「どんな具合いにですか？」とサツに質問した。

F₂   F₁

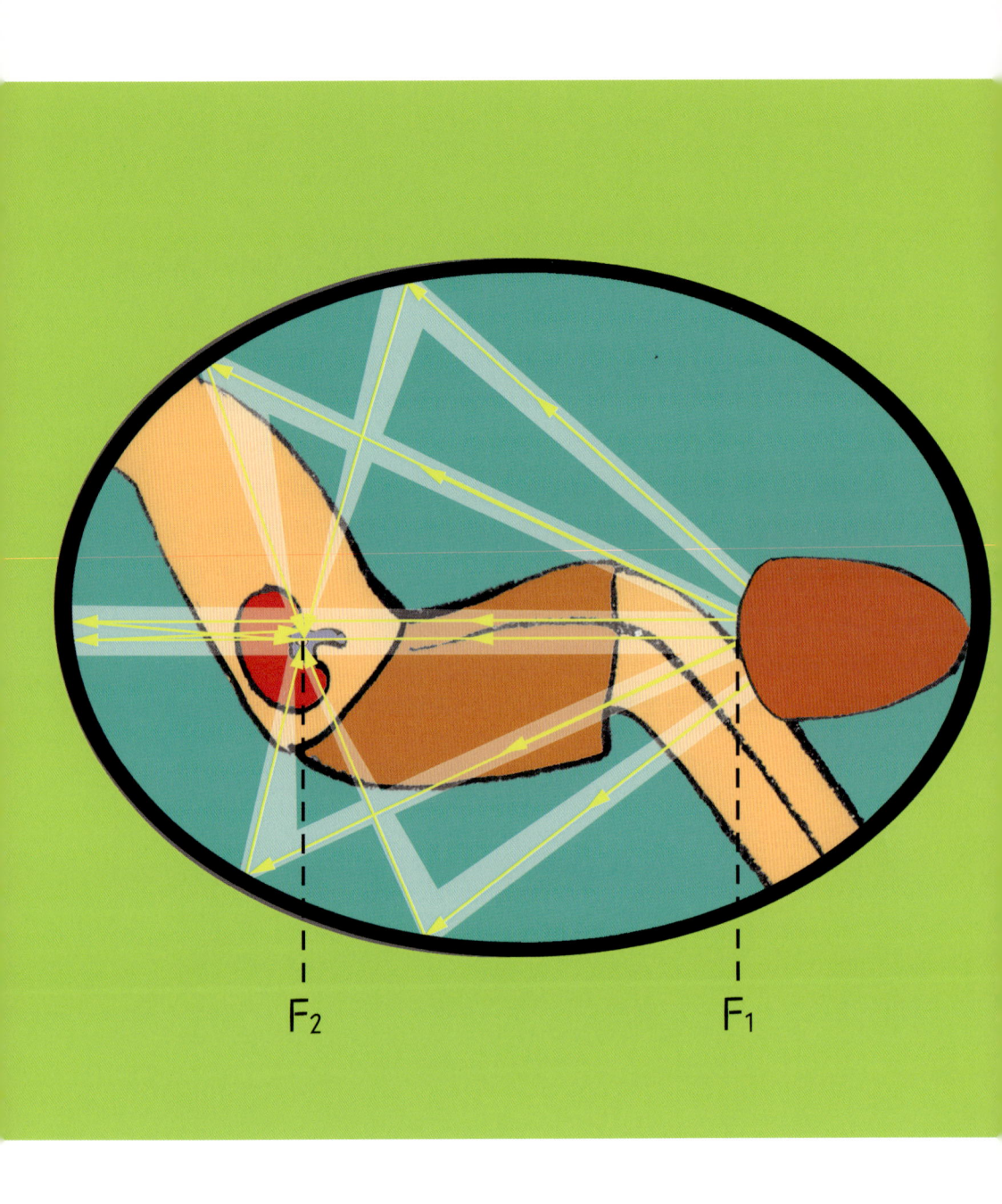

「腎臓に石が溜まると、強烈な痛みや炎症を起こしたりするんだ。これが腎結石といわれる病気なんだよ。

ひと昔前までは、治療といったら体にメスを入れて手術してとり除くしかなかったんだけど、いまではESWL（Extracorporeal（体外）Shock Wave（衝撃波）Lithotripsy（結石破砕装置）の頭文字から、こう呼ばれているんだ）を使った最新の治療法があるんだよ」

「はぁーっ。長ったらしい名前だなぁ。日本語でなんていう名前の機械なのか、もう一度ゆっくり言ってください」キノが言った。

「体外衝撃波結石破砕装置って言うんだよ」サツが繰り返してくれた。
サツの説明が続いた。

「この結石破砕装置は、だ円曲面の下半分の形をしている。お医者さんは腎結石の患者さんを結石がだ円曲面の一方の焦点の位置にくるようにする。そして、もう一方の焦点から衝撃波を発射させる。すると、衝撃波はだ円曲面に反射して腎結石に集中するね。その結果、石は粉々に砕けて、あとは自然に体外に排出される。これによって、もはや体にメスを入れて石をとり出す必要はなくなったってことなんだ」

ジャイは、その装置がどのような形をしているのか、想像していた。

「ということは、医者になるためには、数学にも精通していなければならないってことなんですか？」キノが聞いた。

「現代のお医者さんは、数学をかなり必要とするんだよ。たとえば、腫瘍が大きくなるのを追跡調査するためにはネットワーク理論を使うし、感染症の広がりをモデル化するためには微分方程式を使う。他にも、レントゲンよりも良質な体内画像を与えてくれるMRIという機械が近年、大活躍しているけれど、その画像を正確に処理するためにはある程度、解析学を知っていないといけないしね」サツが答えた。

数学がこんなに活躍しているのだということを知って、3人はすっかり感心していた。ただし、サツが話している数学の分野がどんなものなのかは全然わからなかったけれども。
　「あれはなんですか？」向こうにある回転模型に目が止まったイチローが尋ねた。

　「この模型は、ギアが1つの軸から、もう1つの軸にどうやって方向転換して動きを伝えるのかを示しているんだよ。自動車などの機械の内部で使われているギアのなかには、この模型のように双曲面をもとにつくられているものがあるんだ。この模型は2つの双曲面でできていて、この2つは常にお互いに1本の線で接しているんだよ。一方が軸のまわりを回転すると、他方も自分の軸のまわりに回転させられる。こうして一方向の動きから他方の動きへ伝達が行われるんだ」サツが解説してくれた。
　近くには、双曲線について説明するポスターが貼られていた。

$$|d_1 - d_2| = 一定$$

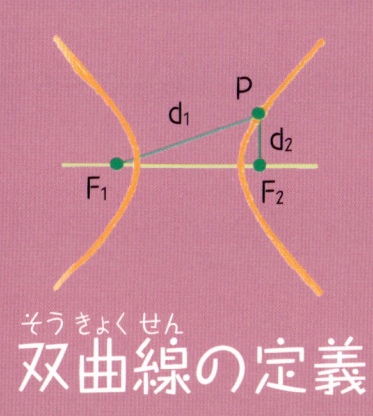

双曲線の定義

2つの定点 F_1、F_2 それぞれへの距離の差が一定な点の軌跡を双曲線といいます。このような2点 F_1、F_2 を双曲線の焦点といいます。

双曲線の焦点の性質（反射の性質）

双曲線の焦点には次のような特別な性質があります：
『一方の焦点 F_2 から出た光は双曲線上の点 P で反射して、直線 F_1P 方向に進む』

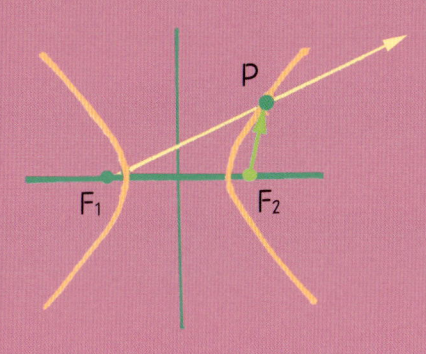

「サツさん、ありがとうございました」3人はサツに礼を言うと、次にどこに行くのかを相談しはじめた。
　「館外の模型を見に行かないか？」キノが提案すると、
　「でも、1階の展示だって、まだ全部見ていないんだよ」イチローが反論した。
　「いつでも、また別の日にここに来たらいいじゃないか。ともかく、1階のものを見ようよ」ジャイが言った。
　「いいよ」キノも同意した。

11章　紙ひねり

1階に戻ると、テーブルのまわりにこどもたちが座って紙を切ったり貼ったりしている部屋があった。紙遊びなんて、彼らの年齢の男の子が関心を持ちそうにないものなのだが、部屋のなかのこどもたちがものすごく夢中になって楽しんでいる。なので、3人はドアのそばで部屋のなかを眺めながら、入ろうか入るまいか、ためらっていた。
　すると、その部屋のインストラクターの1人、トシが3人に「参加しないかい」と部屋に招き入れた。
　「向こうの席に座って」トシはそう言うと、あいている席を指差した。
　「さぁ、みんなはじめようか。いま席に座ったばかりのみんな、まずはウォーミングアップからだ」トシはこどもたちに呼びかけた。
　トシは紙を折ってできた物体を高くかかげてみんなに見せた。
　「さぁ、僕は1枚の紙に3回ハサミを入れてこれをつくったよ。これと同じ形を再現できるかな？」

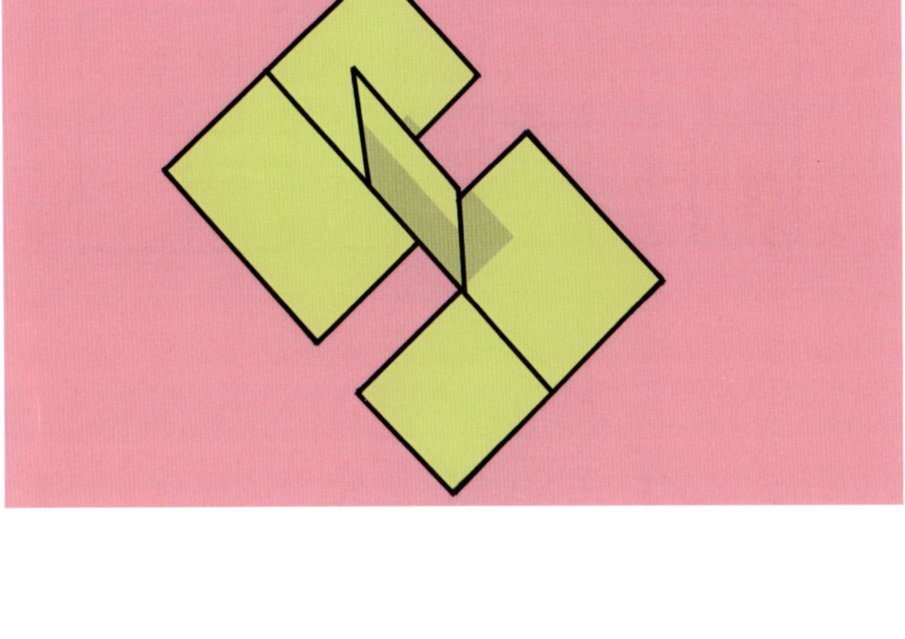

図1

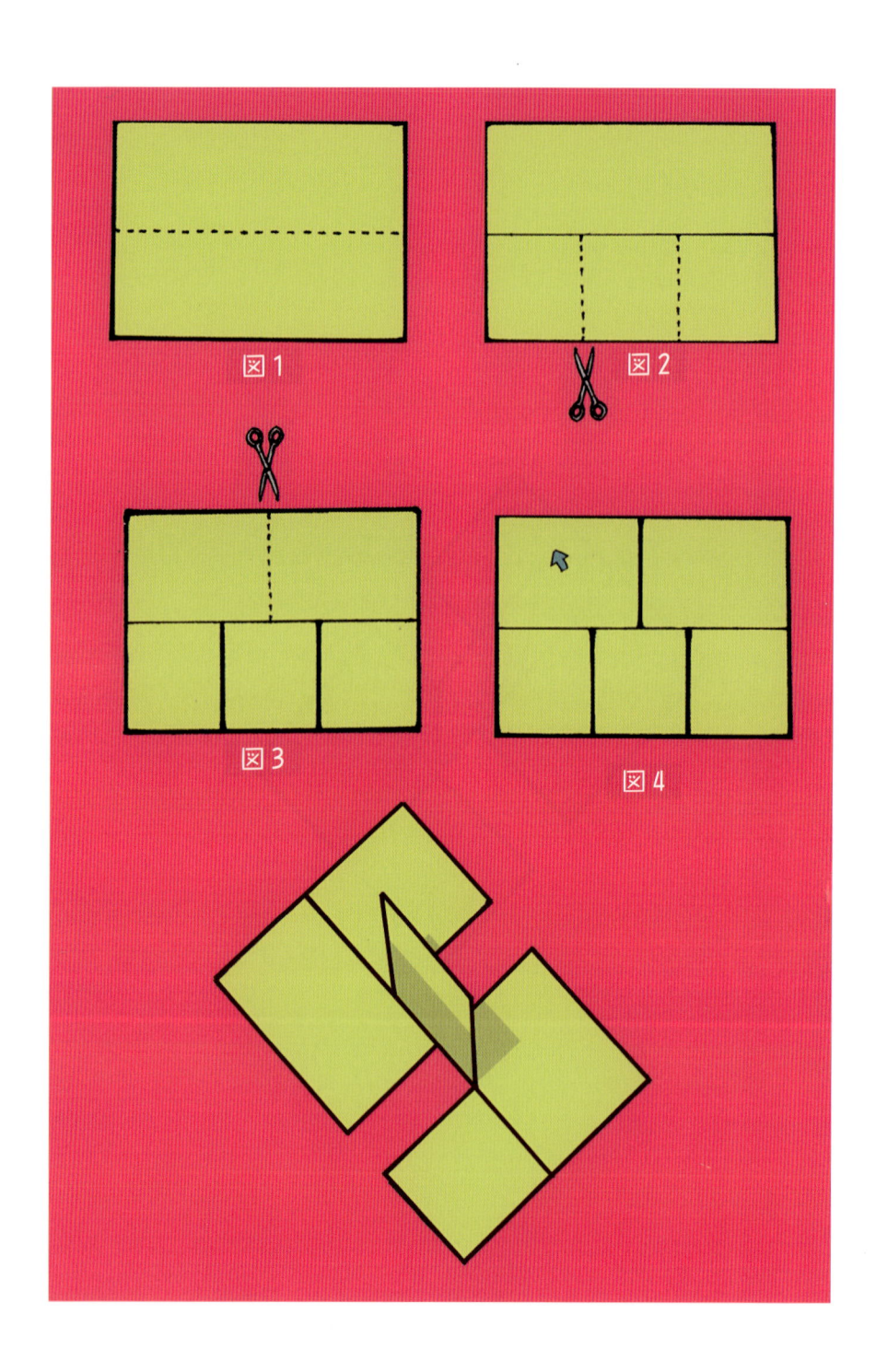

図2

図3

図4

「これはかなり難しいよ」キノが言った。

イチローとジャイは、その紙の物体を一生懸命観察した。ジャイはまもなく、その構造を見抜き、イチローも、ジャイよりは時間がかかったけれどちゃんと見抜くことができた。

キノは、他の多くのこどもたちと同じように、どうしたらよいのか見当がつかないでいた。ジャイがキノに説明しはじめた：

「まず、半分に折って紙に折り目を付けるだろう（左ページの図1）。次に、片側半分について、3等分線にハサミで切り込みを入れる（図2）。もう一方には、2等分線に切り込みを入れる（図3）。そうしたら、2等分線の切り込みを入れたほうの両端を両手で持って、片方の端（図4の矢印）を、最初に折り目を付けた中心線に対して180°回転させて、ひねる。そうすれば、この形になるよ」

ジャイが説明しているあいだ、イチローが丁寧にキノに実演してみせていた。

トシは各テーブルをまわって、こどもたちの様子を見ながら、ヒントを与えたり、あっちこっちで手助けをし、ついに全員がそのつくり方を理解した。

「いま、紙をひねることがポイントになったけど、紙をひねると、ビックリするものが色々とできるんだよ」トシが言った。

トシは、1枚の帯状の紙をとり出し、表面を黄色に、裏面をオレンジ色に塗った。「この帯を半ひねりしてから両端を糊でくっつけるよ」

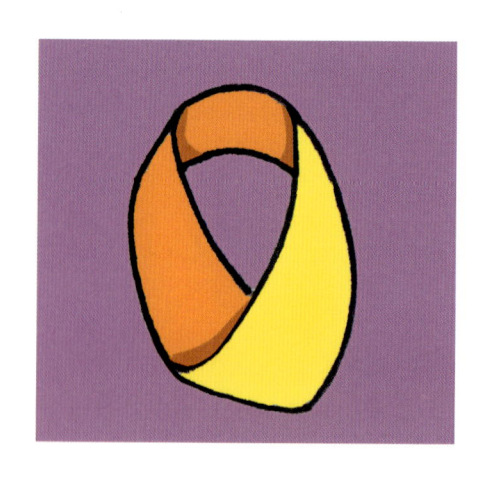

　「すると、このようにしてできた半ひねりの輪は、表も裏もなく、一面しかないんだ。信じられるかな？」トシが言った。

　「一面しかないって言ったよね」キノが2人に聞いた。

　「すいません、もう一度言ってください」聞き間違えたのではないかと思って、イチローがトシに頼んだ。

　「ねぇ、君、ここに来て、いま言ったことを確かめるのを手伝ってくれるかなぁ？」トシがイチローを指名した。

　「まず、この輪のどこか1点を、スタート地点に選んでペンで印を付けよう。では、この点から出発して輪に沿って、ぐるーっとペンでたどってみよう。途中で、ペンを輪から離しちゃダメだよ」トシがイチローに指示を出した。

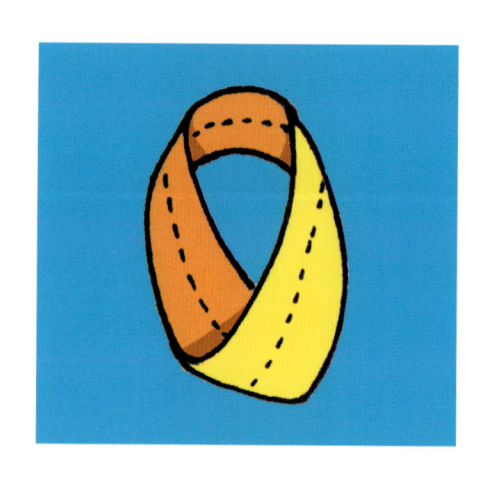

　イチローは言われたとおりにした。ペンが出発地点に戻ったあと、ペンのたどった跡を調べると、ペンは黄色い面とオレンジ色の面の両方をたどっていた。それがわかった瞬間、部屋中が興奮のるつぼと化していた。

　「この特別な輪はねぇ、メビウスの輪と言うんだよ」トシが言った。「いま確かめたメビウスの輪の性質から、メビウスの輪はベルトコンベヤーに使うといいんだ。その理由は、片面しか使えない場

合よりも、両面使えることによって寿命が２倍になるからね」
「では、メビウスの輪を使って、みんなをびっくりさせる実験をするよ」トシが宣言した。こどもたちは期待で目を輝かせていた。

トシは、あらかじめ用意していたメビウスの輪をとり出し、中央の線に沿ってハサミを入れて２等分しはじめた。

「どんな形になると思う？」トシがこどもたちに聞くと、１人の元気な女の子が、

「もとのメビウスの輪の半分の幅のメビウスの輪が２つできると思います」と答えた。

トシは、ハサミで切りおえると、切ったものがみんなに見えるように高くあげた……その結果は、半ひねりを２回している長い輪が１つ、できていた。こどもたちは、信じられない、という顔をしながら拍手をした。

トシのアシスタントをするインストラクターたちが、みんなに帯状の紙と、エンピツと、糊と、ハサミを配った。

「では、各自、まずメビウスの輪をつくって。その次に、今度は、これを3等分する線をぐるって書き入れてください。そうしたら、その線に沿ってハサミで切ってみよう。さぁ、どんな形になるかな？」トシが言った。

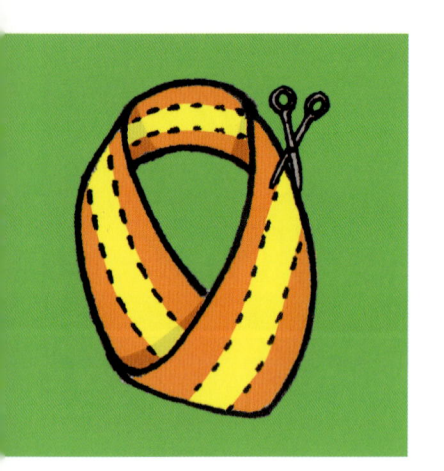

「たぶん、半ひねりを3回した、ながーい輪が1本できるんじゃないかなぁと思います」とイチローが予想を披露した。

部屋はシーンとしていた。みんな集中して取り組んでいたからだ。

まもなく、驚きの声や歓声が部屋のあちこちからあがった。

キノが、「できました」と言わんばかりに、切りおわってできた1回ひねりした短いメビウスの輪と、半ひねりを2回した長いメビウスの輪とが絡まったものを高く持ち上げていた。

「本当に奇妙だよなぁ。もし、4等分線や5等分線……で切ったら、どんな形になっちゃうんだろう？」ジャイが呟いた。

その呟きを聞きつけたトシがこう言った：

「家に帰ったら、やってみるといいよ。何か規則性が見えてくるか、試しながら考えてごらん」

3人は好奇心で一杯になって、トシが言った課題を近いうちに3人でやってみようと思っていた。

ジャイは自分に課す新たな課題を、頭の中で唱えていた：

「メビウスの輪を4等分、5等分、……と続けて規則性を見つけること」

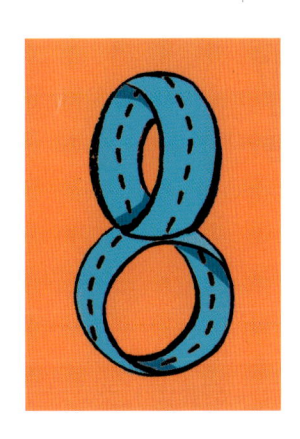

次に、トシは2つの普通の紙の輪をとり出し、それらが互いに直交するように重ねて、糊で貼りつけた。そして、そのくっついた2つの輪それぞれの中央に線を書き入れた。

「誰か、この線に沿ってこの2つの輪を切ってくれるかなぁ？ 切ってくれる人以外のみんなは、どんな形ができるのか、考えてみて」トシが言うと、キノがキビキビと前に出てその役を買って出た。

「たぶん、もとの輪の半分の幅の輪が1つできるんじゃないかなぁ」
イチローが言った。
「僕もそう思うな」ジャイが賛成した。
　みんながキノの作業を見守った。切りおわって広げた瞬間、全員がビックリした。なぜなら、四角い額縁のような形ができあがったからだ。

「どうして、こんなことが起きたんですか？」イチローが質問した。
　トシは、まだ切れ目を入れていない、直交した2つの輪をとり出した。

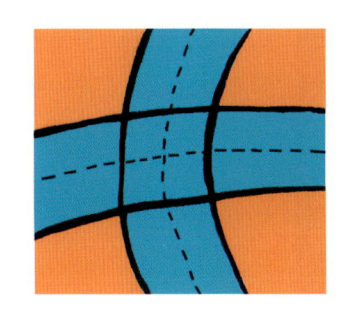

「額縁の4隅の直角を形成しているのは、2つの輪が貼り付けられている部分の、2本の点線が直交している4つの直角なんだよ。このことに注目しておいてね」トシは解説を続けた。

トシは、もとの2つの輪がどんなふうに変形して額縁の形になるのか、その様子がわかるような手順で2つの輪を切って、みんなに見せてくれた。

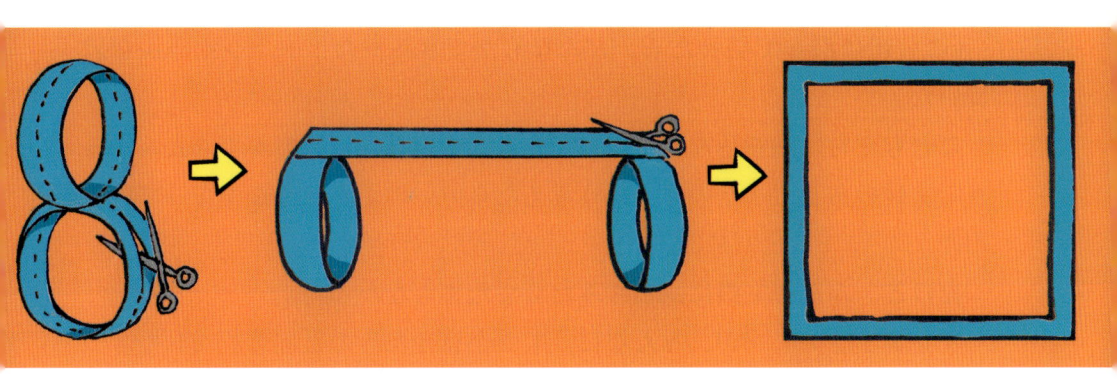

トシが次の実験に注意を向けるように言うまで、ジャイとイチローはずーっと"額縁になる2つの輪"について夢中になって話し込んでいた。

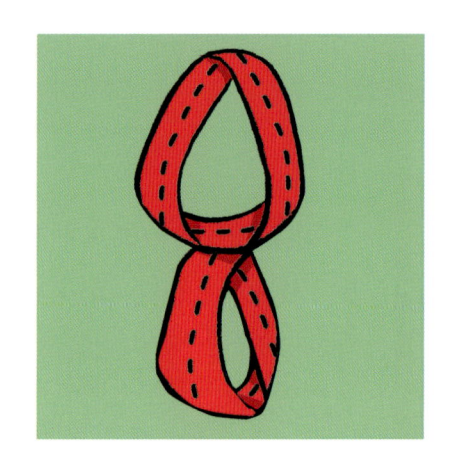

「さぁ、今度は2つのメビウスの輪を直交させて糊でくっつけたよ」トシが言った。

今度も、2つの輪の中央にぐるーっと点線が入れられていた。

「この線に沿って切ったら、どんな形ができるかな？」トシがみんなに聞いた。

こどもたちは黙り込んでいた。予想もしていなかった形ができた、さっきの実験のあとだったので、どう考えたらいいのかわからなくなっていたのだ。

だけど、みんな実際に試してみたくてたまらなかった。

インストラクターが、みんなに、トシが見せたものと同じ直交した2つのメビウスの輪を配ると、みんなすぐに取りかかった。どんな形になるのか、興味津々だった。

イチローが切ってみると、2つのハートのような形が絡み合ったものができた。だが、キノのは、2つのハートのような形がバラバラに離れたものができた。
　みんなも同じだった。絡み合ったものができた人と、バラバラに離れたものができた人がいた。他のこどもたちと同じように、3人の少年たちも驚くと同時に困惑_{こんわく}していた。
　キノは、その疑問をトシにぶつけた。
「どうして、離れ離れの2つのハートになった人と、2つのハートが絡み合ったものになった人がいるのですか？」

「とてもいい質問だ」トシが言った。

「いま君は、数学者的な思考をしているね。数学者は、何気ないものから不思議を見つけ、質の良い問題を探り当て、それについて様々な角度から分析して、未知なる真実をつかまえるんだよ。では、これから、その違いを見つけるための実験をしてみるよ。君は、きっと自力でその答えを見つけることができるはずだよ」トシはそう言って、こどもたちを2つのグループに分けて、それぞれのグループに指示を出した：

  1番目のグループのこどもたちは、同じ向きに半ひねりした2つのメビウスの輪を直交させて糊づけして切る。
  2番目のグループは、異なる向きに半ひねりした2つのメビウスの輪を直交させて糊づけして切る。

数分後に、トシが、
「さぁ、どちらのグループに、2つのハートが絡み合った形ができたかな？」と聞いた。
「2番目のグループです」こどもたちが声を合わせて言った。
トシはこの実験のポイントをまとめた：
「2つのハートが絡み合った形をつくるためには、互いに違う向きになるように半ひねりした2つのメビウスの輪を使う。
2つのハートが離れ離れになるようにしたいのなら、同じ向きに半ひねりした2つのメビウスの輪を使うこと」
3人の少年たちは、すっかり夢中になっていた。
「もっと他にないんですか？」少年たちは知りたくてたまらないという様子だった。
「課題を1題出しておこうね。家で試してみるといいよ」
インストラクターたちが、次のページの課題を載せた紙を配ってくれた。

十分な大きさの2枚の帯を互いの中央でクロスさせて貼り付けてください。
　　よこ方向の帯をA、たて方向の帯をBと呼ぶことにします。

　　まず、Aを2等分する線をよこ方向に引いてください。
　　次に、Bを3等分する線をたて方向に引いてください。
　　Aの両端を、帯をひねることなく貼り合わせます。
　　Bの両端を、半ひねりしてから貼り合わせます。

　　まず、Bに引いた線に沿って切ってください。

　　次に、Aに引いた線に沿って切ってください。

　　さぁ、何ができたかなぁ？

　トシは、次にやってきたこどもたちのグループに挨拶しに、移動していった。

12章　切ったり折ったり

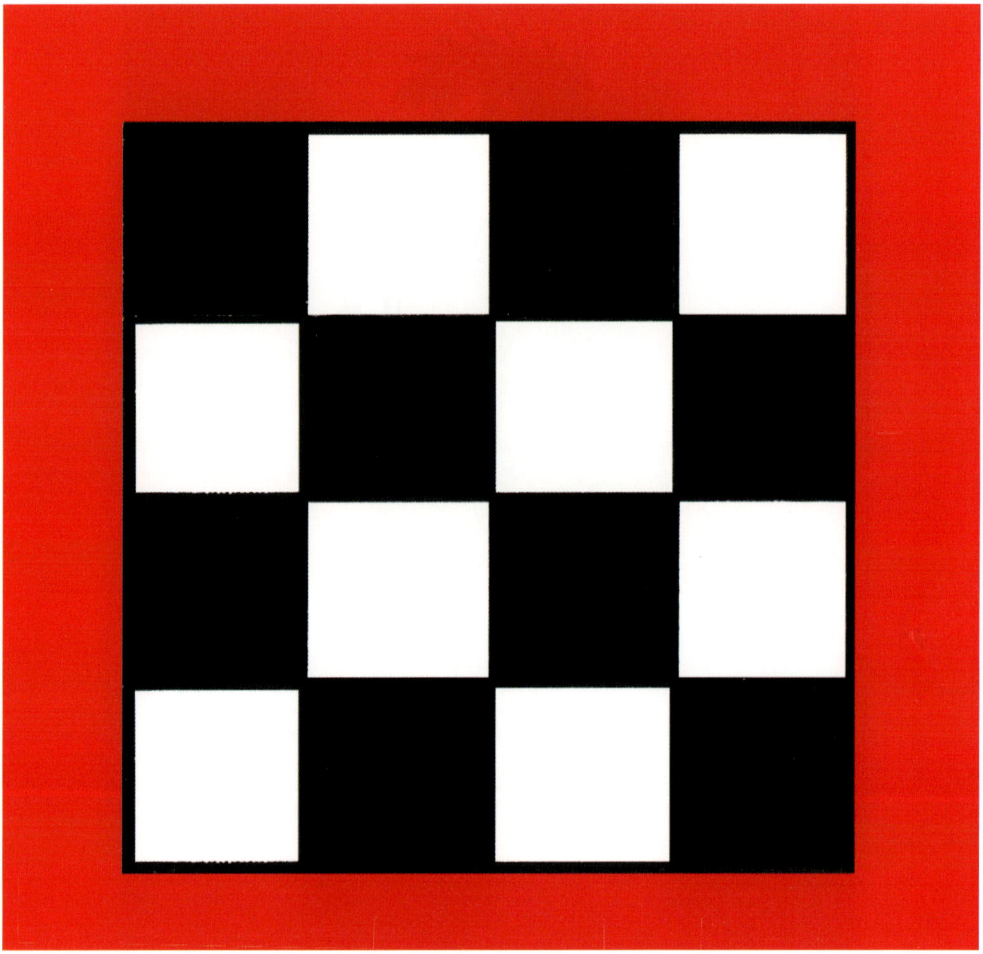

また別のインストラクターがやってきた。
「ユージといいます」彼が自己紹介した。
「いま、君たちはトシといっしょに紙をひねってできる楽しい実験をいくつかやっていたね。今度は僕が紙を折ってできる楽しい実験を紹介します。
この紙をうまーく折り畳んで、それに1回だけまっすぐハサミを入れて切るだけで、8枚の黒マスをすべて切り抜いてみせましょう」
ユージはその紙を何度か折り畳んだあと、1回ハサミを入れて紙を広げると、8枚の黒マスがパラパラと下に舞い落ちていった。

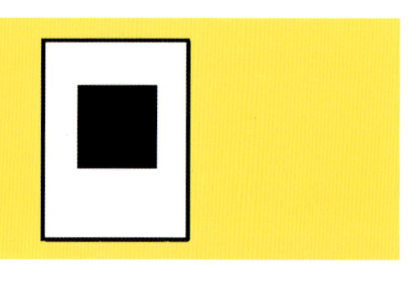

「うぁー、すごーい」と、こどもたちは拍手した。

3人は驚きのあまり目を丸くしていた。

「1回だけまっすぐハサミを入れるだけで、所望の形を切り抜く技を"一刀斬り"というんだよ。じゃあ、手始めにみんなには簡単な形を一刀斬りしてもらおう」ユージがそう言うと、アシスタントの人たちが黒い正方形が1つかかれた紙をみんなに配った。

「まっすぐハサミを1回入れるだけでこの黒い正方形がくり抜かれるように、この紙を折り畳んでください」ユージが指示を出した。

3人にはこの課題が易しく思えたので、がぜんヤル気を出して取り組んだ。

この課題は次のようにすれば達成できる：

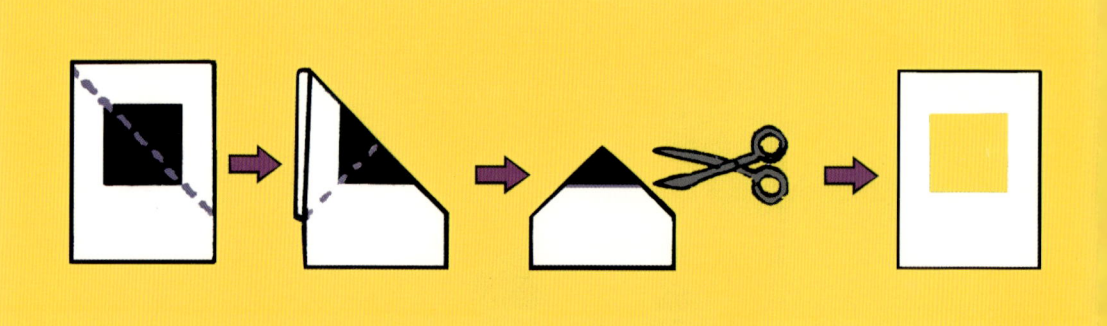

「では、成功した切り方を分析してみようね。どんな折り方をしたのかな？」ユージが問いかけると、キノが率先して、

「正方形の4本の辺すべてが一直線上に折り重なるように、紙を折り畳みました」と発言した。

「辺がすべて一直線上に重なるようにするためには、"角の2等分折り"という手法を使っていたってことに気づいていたかな？」ユージが聞いた。

少年たちは、自分たちの折ったものを改めて見た。

「2回、角の2等分線で折っています」イチローが報告した。

「角の2等分折りは、一刀斬り(いっとうぎ)を実行するための重要な手法だよ」ユージが続けた。

「でも、それだけではダメなんだ。角の2等分線で折るという手法だけで、いつもくり抜きたい形の境界線すべてを一直線上に重ねられるわけじゃないからね」

ユージはこのようなヒントを与えたうえで、みんなに次の課題に取り組むように言った。アシスタントたちが、赤い三角形がかかれた紙を配った。

3人はこの課題と格闘した。さっきやった正方形のときのようには簡単にいかなかった。というのは、この三角形は正三角形でも二等辺三角形でもない三角形だったからだ。

「今回は、3辺すべてを一直線上に重ねるのが結構大変だね」キノが感想を口にした。

「たぶんユージさんが言っていたように、ともかく角の2等分線折りを試してみたらいいんじゃないかなぁ」イチローが提案した。

　イチローは3つの角すべてについて、角の2等分線で折ってみた。すると、あとは、自然に正解にたどりついてしまった。

「これを見て」イチローが2人に言った。

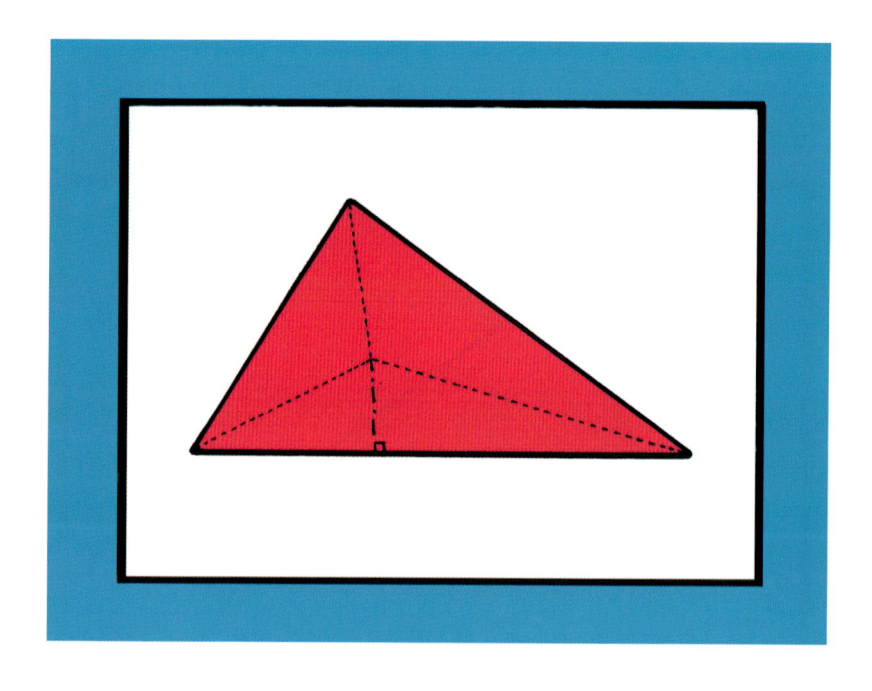

　3人がイチローの折った折り線を調べると、折り線が全部で4本あった。3本は3つの角の2等分線だ。4本目の折り線は、3本の角の2等分線の交点から三角形の1辺への垂線だった。

「すごいなぁ」ジャイが言った。

「ところで、この4番目の折り線を、この交点から三角形の他の1辺への垂線に変えてもうまくいくのかなぁ？」

3人が他の2辺への垂線にしたらどうなるのかを試してみると、同じようにうまくいった。正解の折り畳み方は1通りではないのだ。

ユージがこの様子を見て、3人にこう言った：

「君たちは数学に対して正しい姿勢で取り組んでいるね。"なぜ"、"どうして"という気持ちを絶えず持ちながら、"他の方法はないかなぁ"と探究しているのだから」

3人は褒められて嬉しくなった。

「では次に、これに挑戦してもらおう」ユージは3人に、星形がかかれた紙を1枚ずつ手渡した。

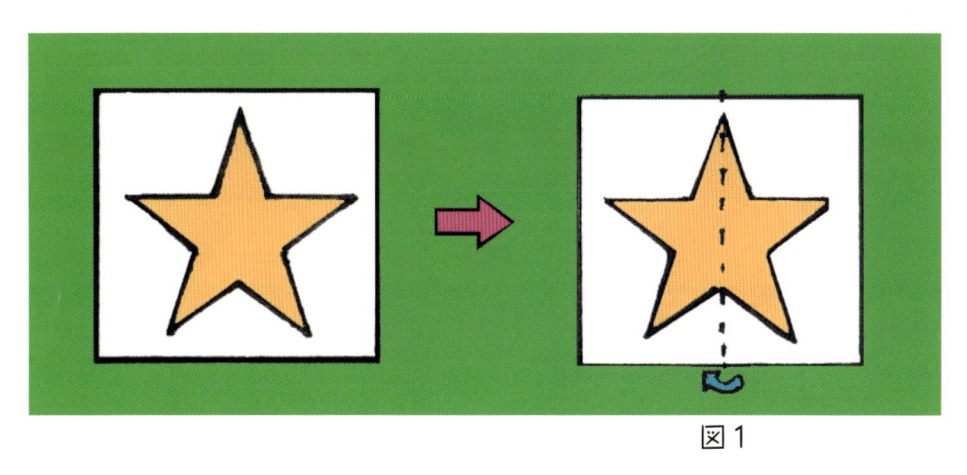

図1

3人はこの課題に力を合わせて取り組むことにした。

「では、何かいいアイディアがある人は言ってみて」イチローが2人をしきった。

「僕はまず、テッペンの角の2等分線で折るべきだと思う（図1）。そうすれば、折り線の左右の線がピッタリ重なるからね」ジャイが先導した。

3人はジャイが言ったとおりに紙を折ったあと、しばらくそれをジッと見つめていた。

図2　　　　　　　　図3

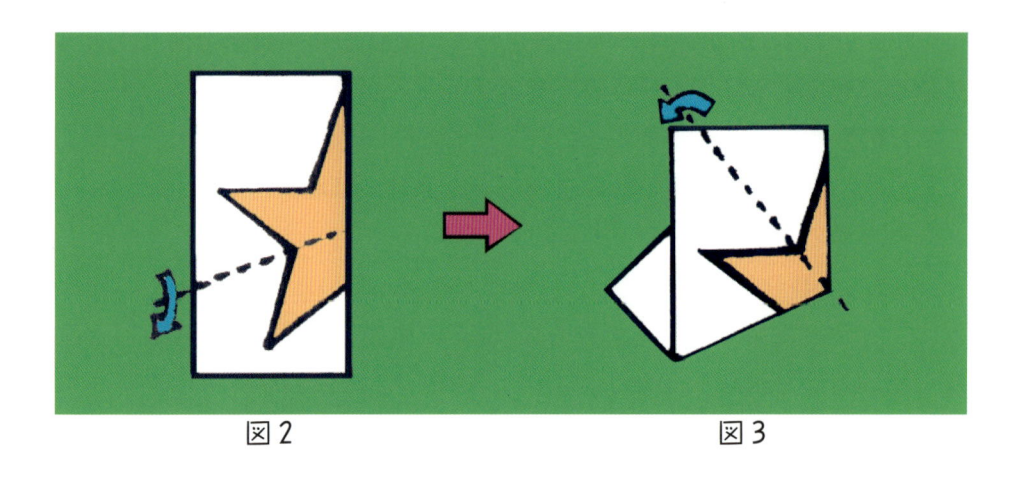

「わかった、わかったよ！」イチローは興奮（こうふん）しながら、
「こういうふうに折れば（図2）、かなりの点や線を一直線上に重ねることができるよ」と言うと、紙を手にとって折った。

図4　　　　　　　　図5

「そのあとは、2回折ればすべてが一直線上に重なるよ（図3、図4、図5）」ジャイがイチローに続いた。
　キノは折り畳んだ紙を一刀斬（いっとうぎ）りして、1枚の紙から星形をくり抜くことに成功した。

「できましたぁ」3人はユージにくり抜いた星とくり抜かれた紙を見せた。
「よくやったね」ユージが言った。
他のこどもたちが3人を羨望(せんぼう)の眼差(まなざ)しで見ていた。3人はみんなよりも、ずっと先をいっていたからだ。
「次の課題に取り組む？」ユージが聞くと、3人は「もちろん、やらせてください！」と答えた。

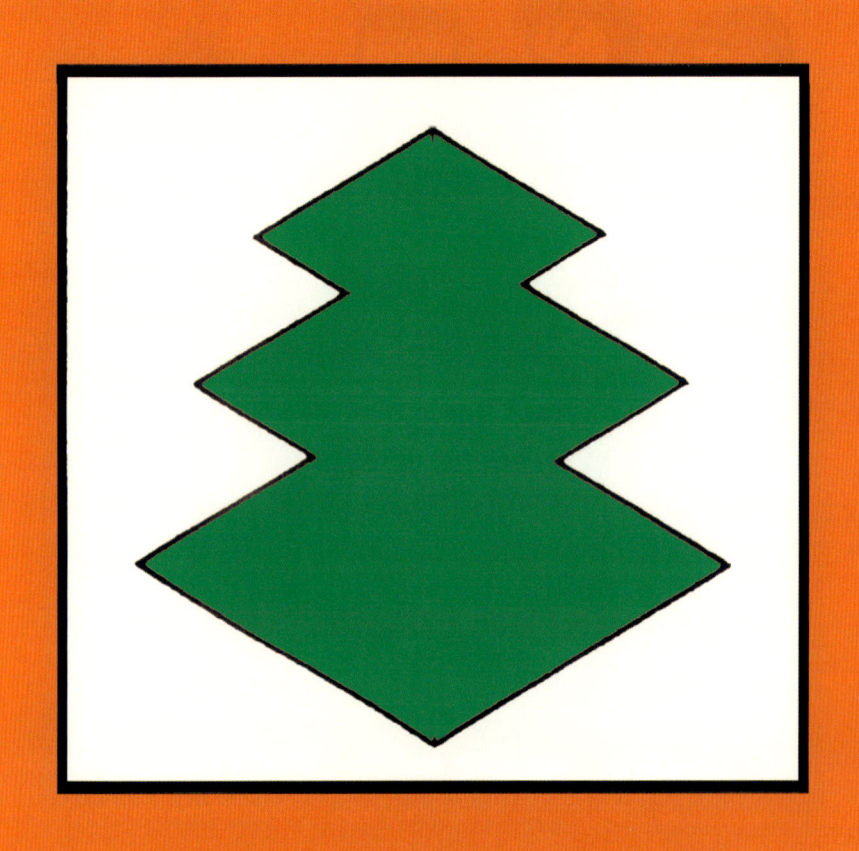

ユージは３人に不思議な形がかかれた紙を手渡した。
　その形は、江戸時代の本「和国知恵較(わこくちえくらべ)」で紹介されている"三階菱(さんかいびし)"と呼ばれる形だという。
　これまでのものよりも時間がかかったが、３人は遂(つい)にこの形も一刀斬(いっとうぎ)りに成功し、大きな満足感に浸(ひた)った。

3人は次のようにして、この形の一刀斬り（いっとうぎ）に成功したのだ。

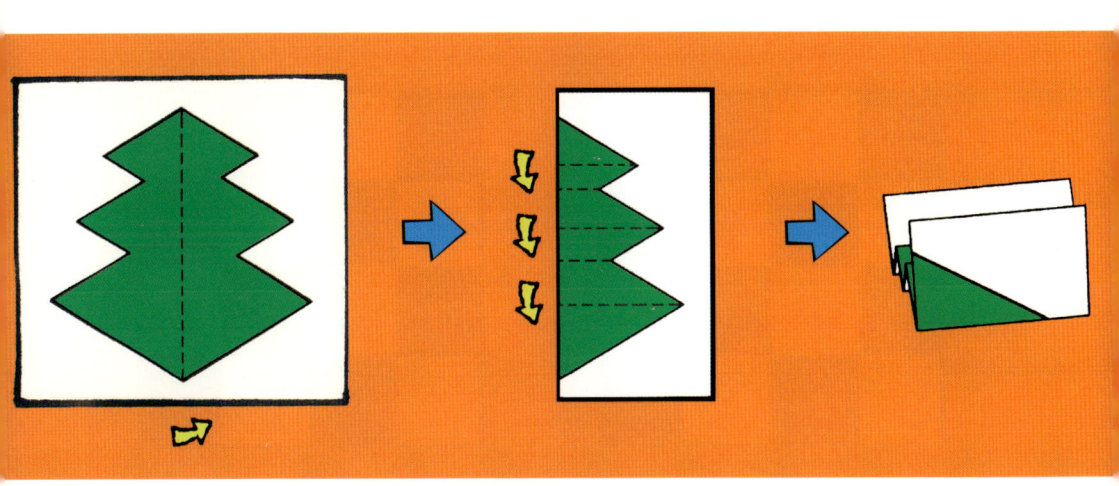

ユージは3人に、家に持って帰る課題を1題プレゼントしてくれた。それは、台形がかかれた紙だった。

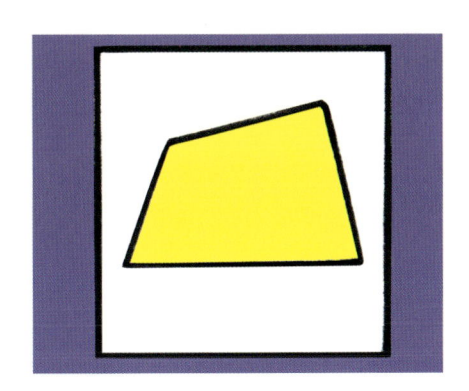

部屋のなかの全員が星形の一刀斬り（いっとうぎ）に成功したところで、ユージはこう言った。
「みんなに、一刀斬り（いっとうぎ）の課題をいくつか試してもらったので、では、いまから最初に見せた4×4の一松模様（いちまつもよう）の一刀斬り（いっとうぎ）のしかたを紹介します」

山折り

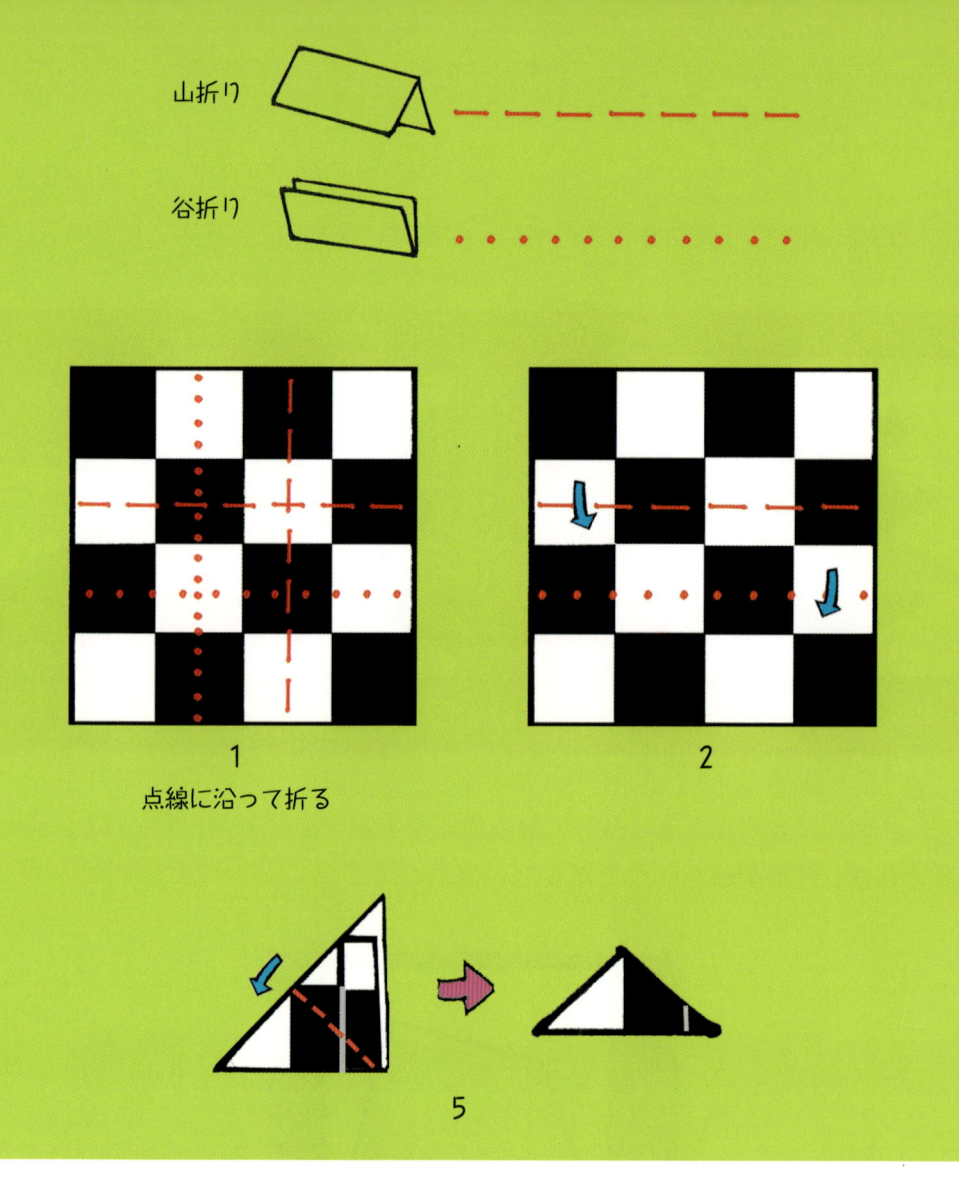

谷折り

1
点線に沿って折る

2

5

　ユージは、みんながわかりやすいように、ゆっくりと1つずつ手順を示しながら折りあげると、一刀斬りして黒マスすべてをくり抜いた。
　「4×4マスよりも大きな一松模様の正方形でも、同じようにできるんですか？」ジャイが尋ねると、
　「1辺のマスの個数が偶数なら同じようにできるよ。でも、奇数のときは、いまの折り方にいくらか調整を加えなければならないんだ」ユージが答えた。

3　　　　　　　　　　　　4

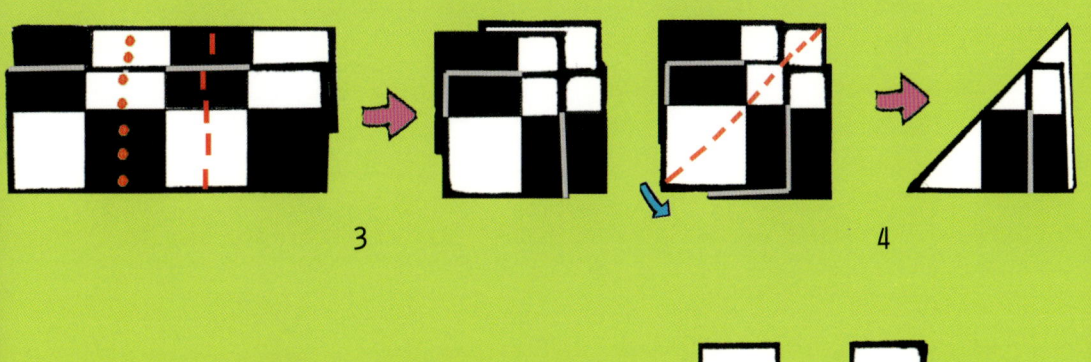

6　　　　　　　　　7

中央の線より、やや右よりのところ
でまっすぐ切る。
（注：白マスがバラバラにならない
ようにするためです）

「パーティにもってこいの、かくし芸だね」キノが言った。
　ジャイは、自分に課す、また新たな課題を頭のなかで唱えていた：たて3マス、よこ3マスの一松模様の正方形で試してみること。
　3人はユージが自分たちに特別にみんなより進んだ課題を与えてくれたことを感謝していた。なので、彼のところにわざわざお礼を言いに行ってから、部屋をあとにした。

13章　正四面体からつくる芸術的なタイル模様

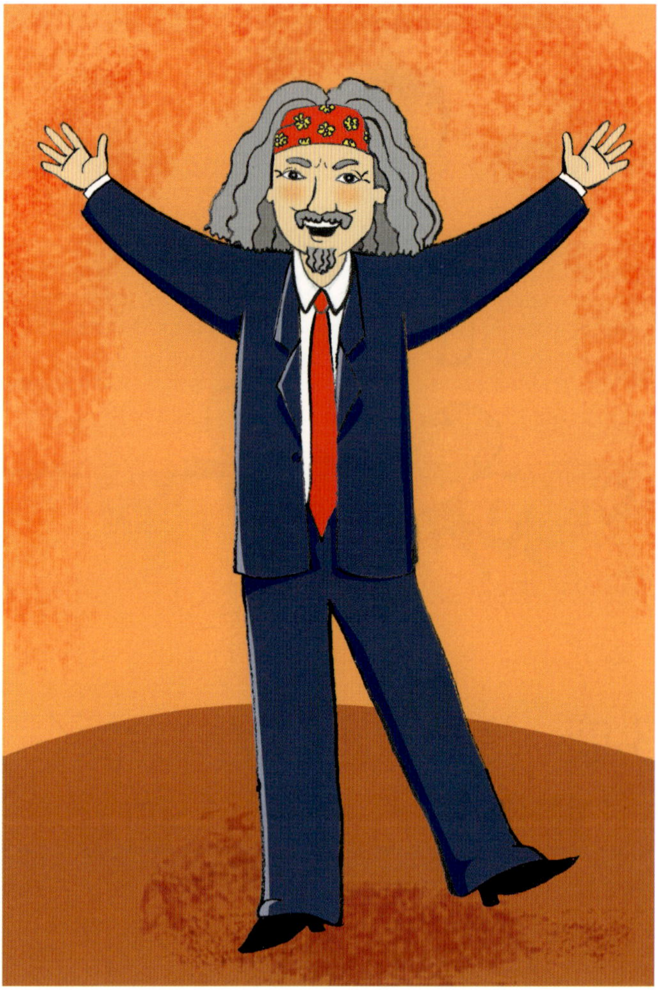

3人は、ある1つの部屋が大騒ぎになっているのに気づいた。3人がにぎやかな声のするほうに向かうと、最初に会ったインストラクターのケイコに再び出くわした。
　「君たちツイているわね！　ヤマアキ先生が、いま、ワンダーランドに来ているのよ。ヤマアキ先生がねぇ、このワンダーランドの作品をここに集めた人なのよ。隣の部屋で先生が作品についてお話しするのを聞けるわよ」ケイコが3人に言った。
　3人は混雑している人だかりの前のほうにあいているスペースを見つけ、そこでヤマアキ先生の話を聞くことにした。みんなの注目がモジャモジャの髪、ヤギのようなヒゲ、額にカラフルなバンダナを巻いた1人の男性に集まっていた。
　彼は、親しみやすそうな人物だった。何人かのこどもたちと冗談を言って笑っていた。
　「今日は、君たちに見せたいものがドッサリあるよ」ヤマアキ先生がみんなに声をかけた。
　「どこかで見覚えがあるんだよなぁ」イチローが2人にささやいた。「前にヤマアキ先生と会ったことがあるような気がするんだけど、どこで会ったのか思い出せないんだよぉ」

「君たち、エッシャーを知ってるかな？」ヤマアキ先生がみんなに尋ねた。

ほとんどのこどもたちは"知りません"と頭を振ったが、イチローだけは"知ってます"とばかりにうなずくと手をあげて、

「彼は有名な芸術家です」と発言した。

「どうして知ってるの？」キノがこっそり聞いた。

「僕のおかあさんが、エッシャーの作品のファンなんだよ」イチローが答えた。

イチローの発言を受けてヤマアキ先生は「そのとおり」と言うと、エッシャーの作品の複写を何点か、みんなに見せてくれた。

「これらの作品は、1つの模様がタイルのように繰り返し使われて平面を覆い尽くしているね。ここで、覆い尽くしているという意味は、模様どうしが隙間なく、また重なり合っている部分もなく平面を埋め尽くしているという意味だということに注意してください」ヤマアキ先生は続けた。

(著者注釈)：この絵では、魚と馬のタイルそれぞれを裏返したタイルも使用されています。厳密にいうと、タイル張りにおいて、タイルを裏返した形もタイルとして使うということはしないのですが、エッシャーの作品のなかでは、ときどき裏返しも使われています。

「このように、繰り返し模様で平面を覆い尽くすことを"タイル張り"というんだよ」

「どのピースも同じ形をしたジグソーパズルのように見えます」ジャイが発言した。
「いい指摘だね」ヤマアキ先生が言った。

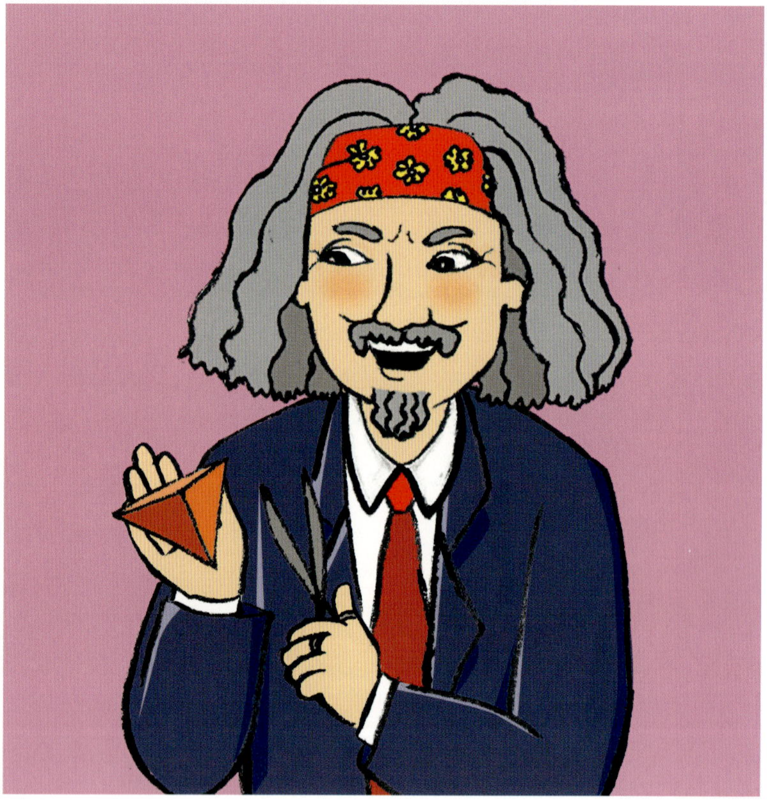

「それでは、いまから、私は、君たちをエッシャーのような芸術家にしてみせよう」ヤマアキ先生がこう宣言した。

ヤマアキ先生は、紙の立体模型をとり出した。

「この立体を見てください。合同な4つの正三角形を面に持つ立体だね。この立体は正四面体というんだよ」

ヤマアキ先生のうしろのテーブルの上には、たくさんの正四面体が置かれていた。まもなく、インストラクターたちが、こどもたち1人1人に正四面体とカッターとハサミと画用紙と糊(のり)を手渡した。3人の少年たちは鮮(あざ)やかな色をした正四面体を受けとると、その立体をまわして4枚の正三角形をチェックした。

「君たちには、この正四面体を切り開いてもらいたいんです。ただし、ばらばらにならずにひとつながりになるようにね。そして、テーブルの上にピタッと平面的に広げられるような形にしてね」ヤマアキ先生がみんなに指示を出した。

「具体的にどんなふうにやればいいんですか?」キノが聞いた。

ヤマアキ先生は正四面体を切ってお手本を見せてくれた。
「コツはねぇ、正四面体のそれぞれの頂点を順に巡っていくように、かつ連続的に切ることだよ。そうそう、君たちに手渡した正四面体はねぇ、色の違う何枚もの紙を重ねてつくった正四面体なんだ」

ヤマアキ先生が切りおえると、違う色をした同じ形が何枚もできていた。画用紙の上にそれらを広げ、ジグゾーパズルのように色の違うピースどうしを次々と隙間(すきま)を埋めるようにはめ込んでいった。

　「自分の好きなように切ってごらん。ただし、ひとつながりになっていて、かつ、平面上にぴったり広げられる形にしてね」ヤマアキ先生は繰り返し言った。
　「それができたら、画用紙の上にそれらをタイル張(ば)りして、自分の作品を仕上げてみよう」

ジャイ作
「かたつむり」

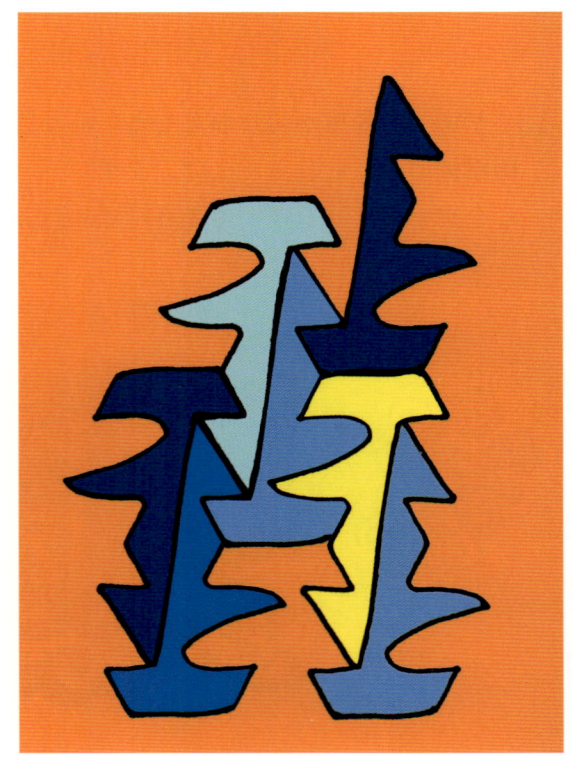

キノ作
「ヨット」

　こどもたちはみんな、イキイキと作品づくりに取り組んだ。イチローはロボット模様をつくりたいと考えていた。ジャイは、グルグルっと渦巻きのようなものにしようとしていた。キノは、平面上でタイル張りしやすいように単純な形に切って、満足していた。

イチロー作「ロボット」

ヤマアキ先生は、こどもたちのあいだをまわって、良くできた作品を何点かみんなに見せた。イチローのロボット模様が紹介されると、こどもたちは拍手を送った。
　「実はねぇ、いま、みんなにやってもらったのは、私が最近発見した定理なんだよ」ヤマアキ先生はそう言うと、
　「正四面体をどのように切り開こうとも、切り開いた形がひとつながりで、かつ、浮き上がることなく平面上に広げられるのであれば、その形は平面をタイル張りすることができる」と、"ヤマアキの定理"を正確に表現してみせた。
　それを聞いてイチローが2人に、「ということは、この方法でどんなタイルも設計できちゃうってことだね」と言うと、
　「でも、最初に正四面体をつくらなくちゃいけないんだよ」とキノは言い、ジャイは、"家に帰ったらどんな模様をつくってみようかなぁ"と黙ったまま1人考えにふけっていた。

14章　高収納立体と超エコ容器

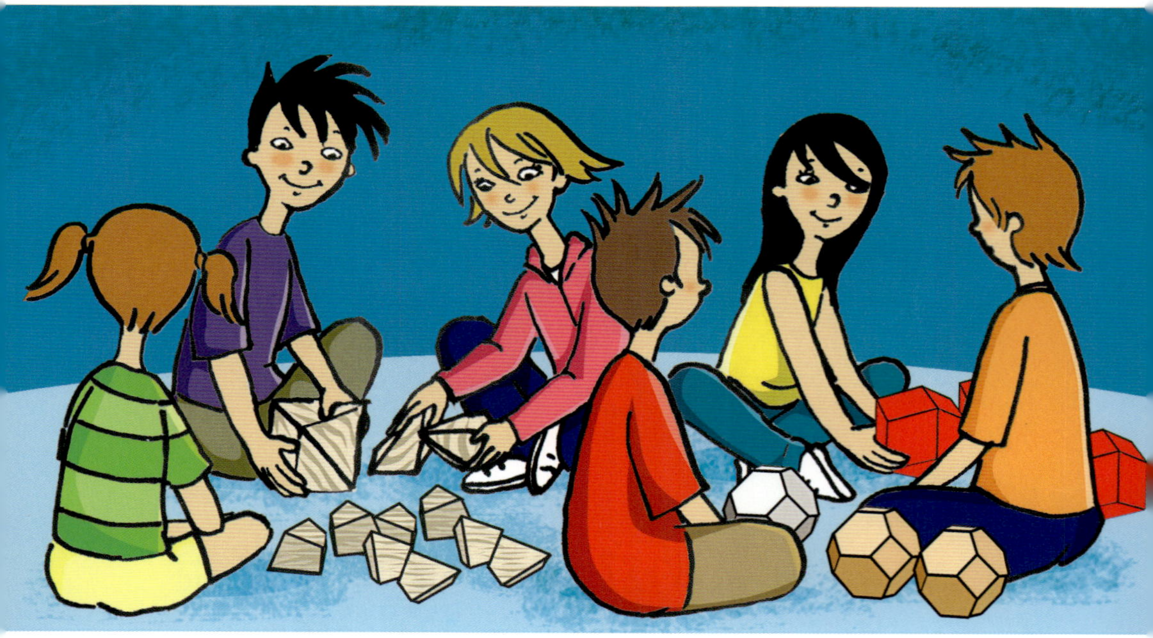

こどもたちは、ヤマアキ先生のあとに付いて、別の部屋にうつった。大きな木製のブロックが幾つも床に置かれていた。すでに、その部屋にいた何人かが、3次元のジグゾーパズルをするように、そのブロックを組み合わせていた。
　「さっきの部屋で平面をタイル張りする方法を紹介したね。平面をタイル張りしたように、今度は空間を埋め尽くすことを考えてみよう」ヤマアキ先生が言った。
　「向こうのみんなを見て！　彼らがやっているようなことをやろうってわけなんだ」
　ヤマアキ先生は、床のブロックを積み上げているグループのところに行って、木製のブロックを1つ拾い上げた。

正八面体　　→　　切頂八面体

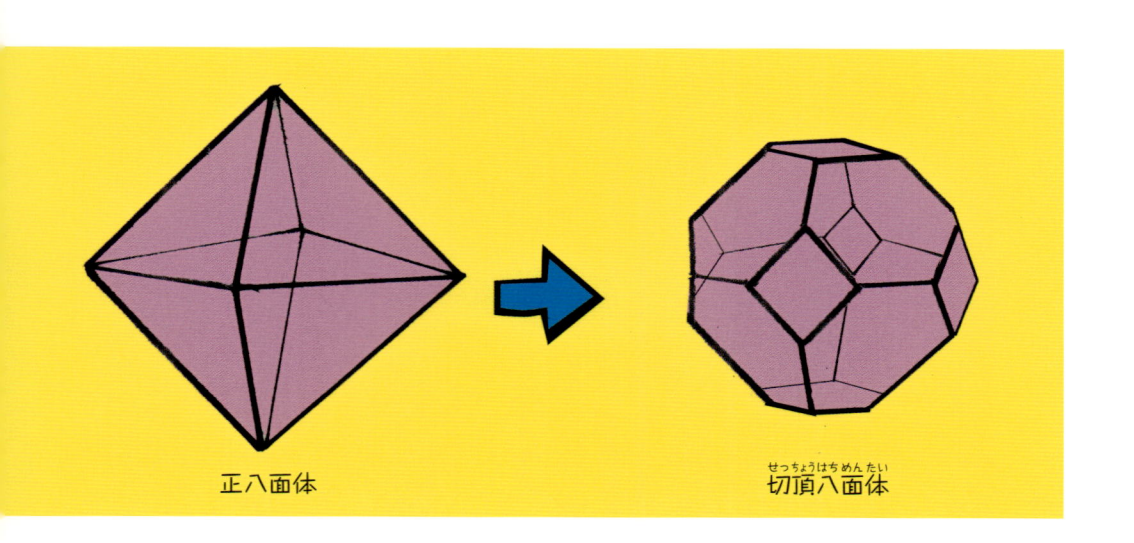

「これは、切頂八面体という立体です。8枚の面が正六角形、6枚の面が正方形、合計14面から成る立体です」先生は説明を続けた。

「この正八面体の6個の頂点を切り落とせば、この切頂八面体になります」

ヤマアキ先生は、手でチョップして正八面体の頂点を切り落とすふりをしてみせた。

「切頂八面体は、空間充てんな立体なんだよ。空間充てんってどういうことかというと、その立体1種類を何個も組み合わせることによって、隙間もなく、重なることもなく空間を埋め尽くすことができるという意味だよ」

菱形十二面体

　ヤマアキ先生は、別の立体を拾い上げた。
「これはねぇ、菱形十二面体という立体です。12枚の菱形の面でできています。これも空間充てん立体です。空間充てん立体には、たくさん種類があるんだよ」

ヤマアキ先生は、別の立体のグループが置かれているところに、みんなを引き連れて移動した。
　「これらの立体も空間充てんなんだけれど、さらに特別な性質があるんだ。これらは空間充てんするだけじゃなくて、その立体の展開図が平面をタイル張りするという立体なんだ。こういう立体を超エコ容器と呼ぶことにしよう」
　「いい名前だね。覚えやすいや」イチローが2人に言った。「だって、空間を隙間なく充てんするから収納するときムダがない。さらに展開図が平面をタイル張りするから紙から容器をつくると材料にムダが出ないものね」
　「それじゃあ、空間充てんするだけの立体を、高収納立体と呼ぶべきなんじゃないか？」キノが言った。
　彼らの会話を耳にしてヤマアキ先生が「私もそう呼ぶことにするよ。みんな、展開図はタイル張り図形にならない空間充てん立体を高収納立体と呼ぼう」と言った。
　「他の超エコ容器の例をあげると、たとえば牛乳やオレンジジュースの容器に使われるテトラパックのような形をした立体もそうだよ。その立体は辺の比が$2:\sqrt{3}:\sqrt{3}$の二等辺三角形4枚から成る四面体だ」

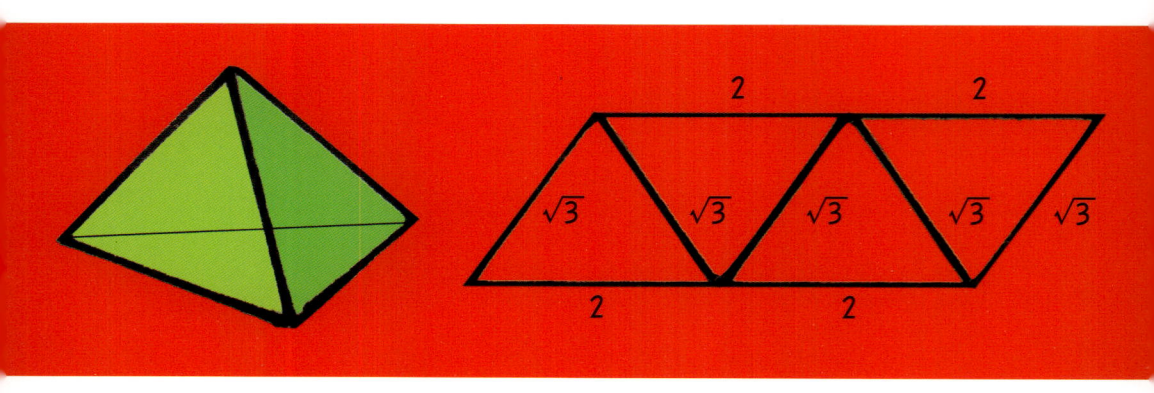

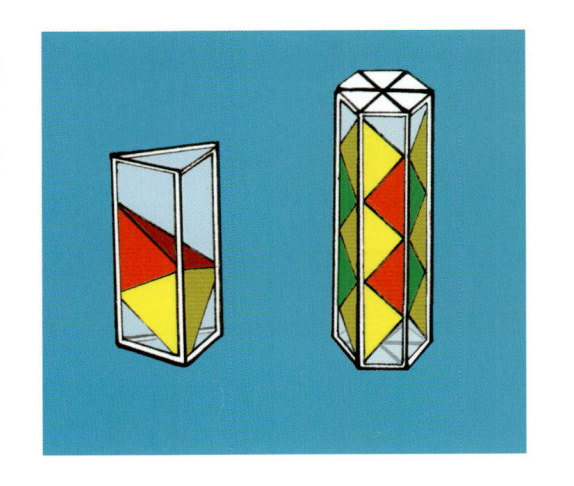

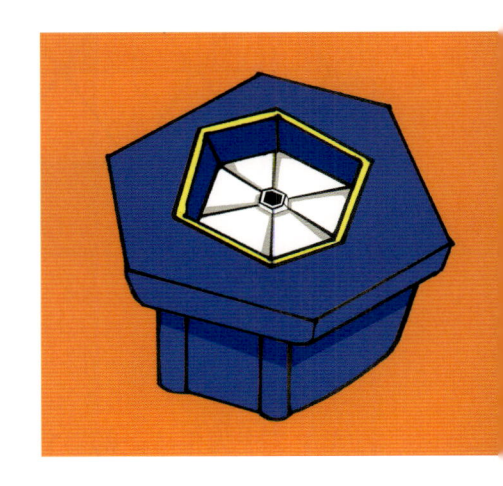

「ほら、この立体は、底面が正三角形の三角柱に詰め込めるだろう？ この三角柱を6つ組み合わせると、底面が正六角形の六角柱を埋め尽くすことになるね。
　みんなは、配達業社の人が使っているテトラパックを運ぶ容器を見たことがあるかな？ 実際に、こんな六角形状の穴があいた容器に詰め込まれて運ばれているのだけど、容器がなぜ、こんな六角形状の穴があいたものなのか、もう君たちは、わかったね」

ヤマアキ先生は、紙でできたテトラパックを切り開くと、できた展開図を広げた。
　「この展開図は、確かに平面をタイル張（ば）りすることができるよね」そう言って、タイル張（ば）りしてみせた。
　「それから、立方体も超エコ容器だよ。立方体が空間充（くうかんじゅう）てんなのは明らかだよね。展開図が平面をタイル張（ば）りできるのかという点は、どうかな？ 立方体を辺に沿って切ったときにできる展開図は全部で11種類あるんだけれど、実はどの展開図でも平面をタイル張（ば）りできるんだよ」
　ヤマアキ先生は、いま説明したことが書かれているポスターのところにみんなを連れて行った。

立方体を辺に沿って切ったときにできる展開図を使った平面のタイル張り

立方体の何本かの辺に沿って、展開図をつくってみましょう。

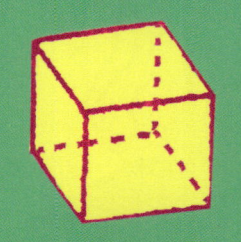

辺に沿って切ったときにできる立方体の展開図は全部で11種類あります。

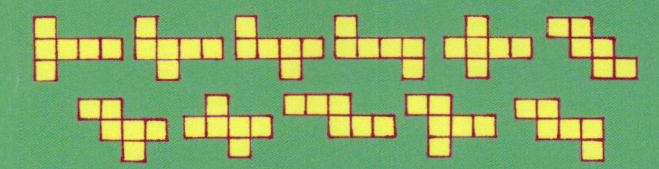

11種類の展開図それぞれが平面をタイル張りできます。

ヤマアキ先生は、また別の木製の立体をとり上げた。

「超エコ容器は無限種類あることがわかっているのだけれど、具体的に発見されているもののなかで、この十二面体は面の個数が最大のものなんだよ。この立体は立方体の向かいあう2面に、合同な直四角錐(ちょくしかくすい)がくっついた形をしているんだ」

　そう言うと、ヤマアキ先生はその十二面体の紙の模型を切って展開図をつくり、平面をタイル張(ば)りしてみせた。

「きっと僕にも、まだ発見されていない超エコ容器を見つけることができるんじゃないかなぁ」ジャイは1人でそんなことを思い、感慨(かんがい)に浸(ひた)っていた。

　ヤマアキ先生が、こどもたちと会話を交わしながら部屋のなかをぐるぐる歩きまわっているあいだ、3人の少年は部屋のなかにある他の高収納立体や超エコ容器を見て歩いた。

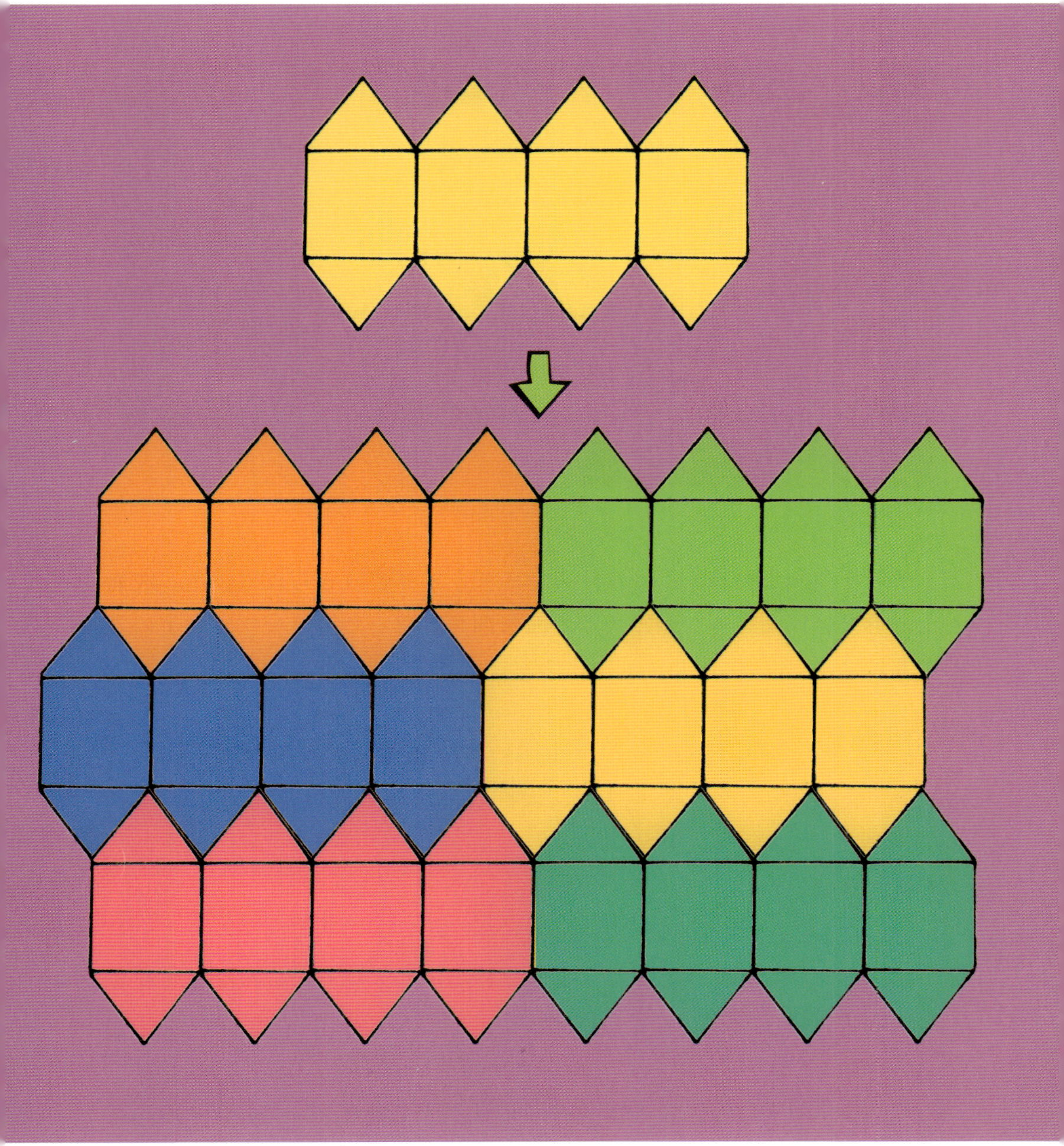

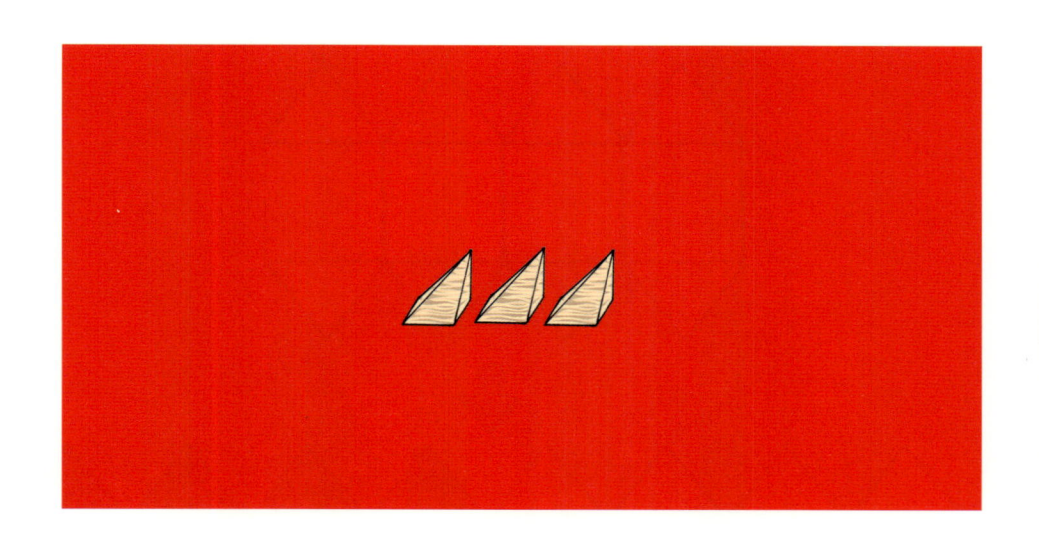

テーブルの上には、3つの合同なピラミッドが載せられていた。底面が正方形で、側面を4つの三角形が囲む四角錐だった。テーブルの上の説明書きには、

これら3つのピラミッドを組み合わせると立方体ができます

と書かれていた。
　「やってみよう」キノが言った。
　3人は立方体を組み立てようと格闘した。イチローがこんなことを思いついた：
　「底面の正方形は立方体の一面になるに違いないよ」
　これを手がかりに、ついに3人は立方体を完成させることができた。

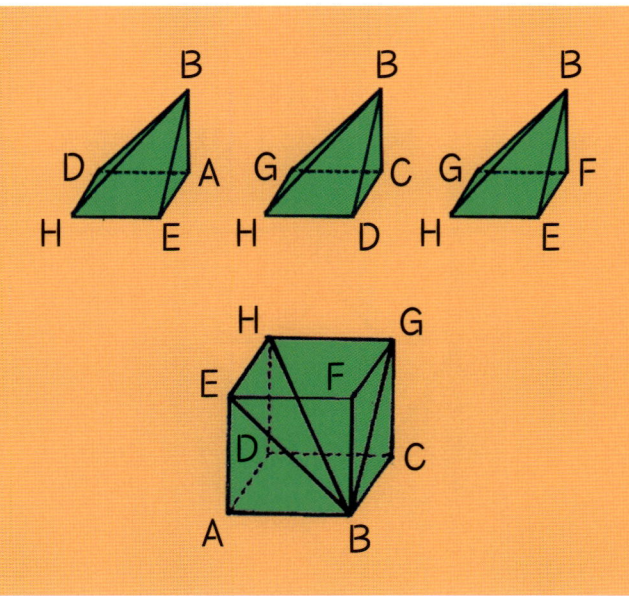

「この合同なピラミッド（四角錐）3つで立方体がつくれるのだから、このピラミッドは空間充てんだよね。このピラミッドの展開図は平面をタイル張りできそうにないから、高収納立体に間違いないね」ジャイが言った。

「高収納立体ってなんのことだい？」

3人の会話を耳にしたマサオという名前のインストラクターが3人に声を掛けてきた。

「あー、それは僕らが、展開図が平面をタイル張りしない空間充てん立体に付けた名前なんですよ」キノが答えた。

「実は、その立体は空間充てんするだけじゃないんだよぉ」マサオはそう言って、こう続けた：

「このピラミッド状の立体をうまく切り開くと、その展開図は平面をタイル張りするんだ。君たちは、そのような展開図を見つけられるかな？」

マサオは3人に紙とエンピツを渡した。
　「立体の表面に線を引いて、タイル張りできる展開図を見つけてごらん」
マサオが3人に課題を出した。その課題は、あまり易しいものではなかった。
　3人は色々と線を引いて色々な形の展開図をつくってみたが、なかなかどれもうまくいかなかった。が、ついに3人はその展開図を見つけた。

マサオがその展開図をチェックして言った：
　「正解！」

別のテーブルには、あまり見慣れない形をした合同な立体がたくさん載せられていた。その立体は、どの面も四角形で、6枚の面から成る立体だった。
　「この木工作品は非常に特別なものなんだよ」マサオはそう言って続けた。
　「この作品は、ヤマアキ先生がTVで空間充てん立体を紹介しているのを見た大工の棟梁が作製して送ってくれたプレゼントなんだ」
　「この立体はなんていう名前なんですか？」キノが質問した。
　「いまのところ、まだ名前は付いてないよ。君たち、名前を付けてみる？」マサオが3人に言った。

3人は丸く輪になって相談をはじめた。
　"大工の棟梁＝匠"、"6面"、"四角形"、"多面体"などという、この立体に関連する単語をあげて話し合った末、これら4つの単語"匠・6面・四角形・多面体"から文字をとって命名することに決めた。
　「この立体を"匠のロクヨン面体"と命名します」3人がマサオに伝えると、
　「僕もこれからそう呼ぶことにするよ」とマサオが言った。
　「ところで、この立体は高収納立体ですか？」イチローがマサオに聞いた。
　「そうだよ。この立体は空間を充てんするよ」マサオが答えた。
　マサオは3人を、何個もの"匠のロクヨン面体"をブロックのように組み合わせてつくった立体のところに連れて行った。
　「ほら、"匠のロクヨン面体"から、他の空間充てん立体をつくることができるだろぉ」
　"匠のロクヨン面体"のブロックでできたテトラパック、切頂八面体、菱形十二面体が並んでいた。

201

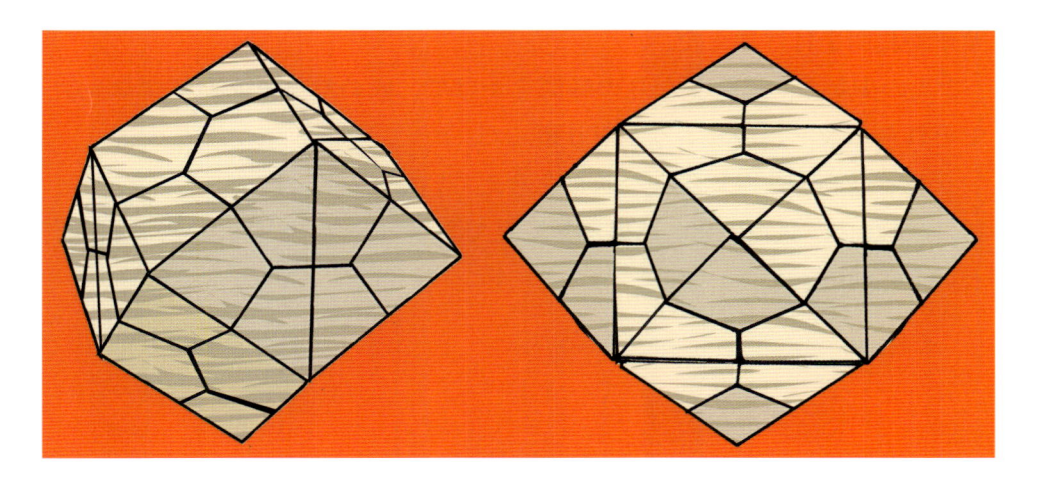

「4個の"匠のロクヨン面体"をうまく組み合わせるとテトラパックの形がつくれるよ。切頂八面体なら24個、菱形十二面体なら96個でね」マサオが説明を付け加えた。

3人の少年たちは、かなりの時間をかけて、匠のロクヨン面体ブロックでそれらの形を再現しようと取り組んだ。

ジャイは心のなかでこんなことを考えていた：

「いつか僕が新種の超エコ容器を発見できたら、その立体を"ジャイ面体"という名前にしよう」

15章　リバーシブル立体

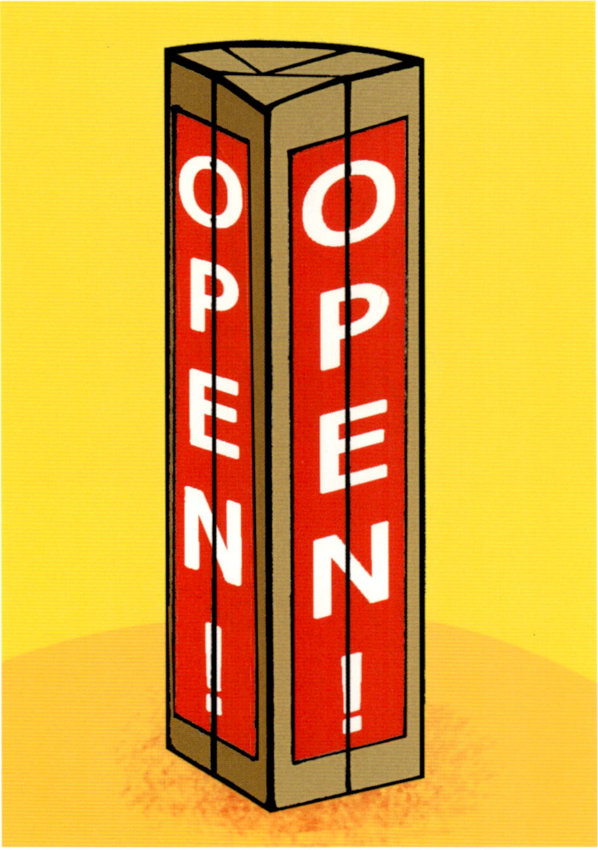
OPEN!
OPEN!

ヤマアキ先生は、別のテーブルに移動し、そこにこどもたちを集めた。そのテーブルの上には、「OPEN！（開店！）」と書かれた三角柱が載せられていた。
オープン
の

ヤマアキ先生はテーブルの上の2つの合同な立体を手にとった。
「これは切頂八面体です」

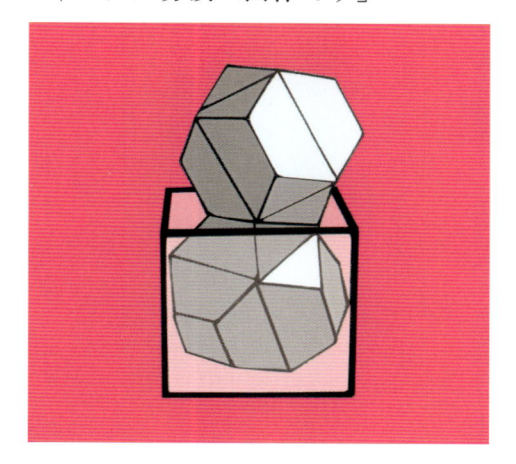

次にヤマアキ先生は立方体の形をした透明なプラスチックの容器をとり出した。
「私は、この2個の切頂八面体をこの箱のなかに収納したいんです」

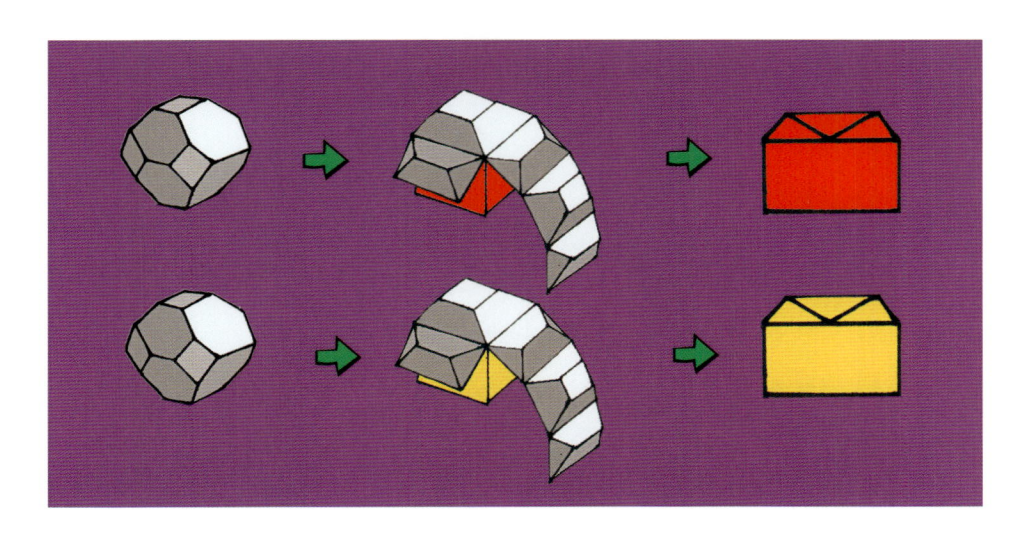

ほとんどのこどもたちが、箱の大きさと、2個の切頂八面体(せっちょうはちめんたい)の大きさを見比べて、

"そんなのムリだよ"という顔をした。ヤマアキ先生がこれら2つをそのまま押し込もうとしたが、やっぱり失敗におわった。
　そのとき、突然、ヤマアキ先生が切頂八面体(せっちょうはちめんたい)の1つを手にとると、切れ面に沿って立体を素早く裏返してひっくり返して直方体に変身させてしまった！　そしてもう1つも同様に直方体に変身させると、今度はスンナリと2つの立体は箱のなかにピッタリおさまった。
　3人は感激していた。みんなも拍手喝采(はくしゅかっさい)している。
　「問題を解決するためには、発想を変えなければうまくいかないこともあるのだ」ヤマアキ先生が言った。
　ジャイはまた覚えておきたい言葉に出会ったと思った：
　「問題を捉(とら)えるアングルは、得(え)てして1つじゃない」

次に、ヤマアキ先生はキツネのようなペイントが施(ほどこ)された立体を手にとって、
「この立体は菱形十二面体(ひしがたじゅうにめんたい)だよ。でも、いまはこれをキツネだと思うことにしようね」と言った。

ヤマアキ先生が立体から出ている1本のヒモを引っ張ると、この立体は外の面と内の面が入れ替わってヘビのようなペイントが施された直方体に変身した。

「ヘビがキツネを食べちゃったんだねぇ〜」怖い声色でヤマアキ先生が言った。

「あああ〜」こどもたちは一斉に、ため息を漏らした。

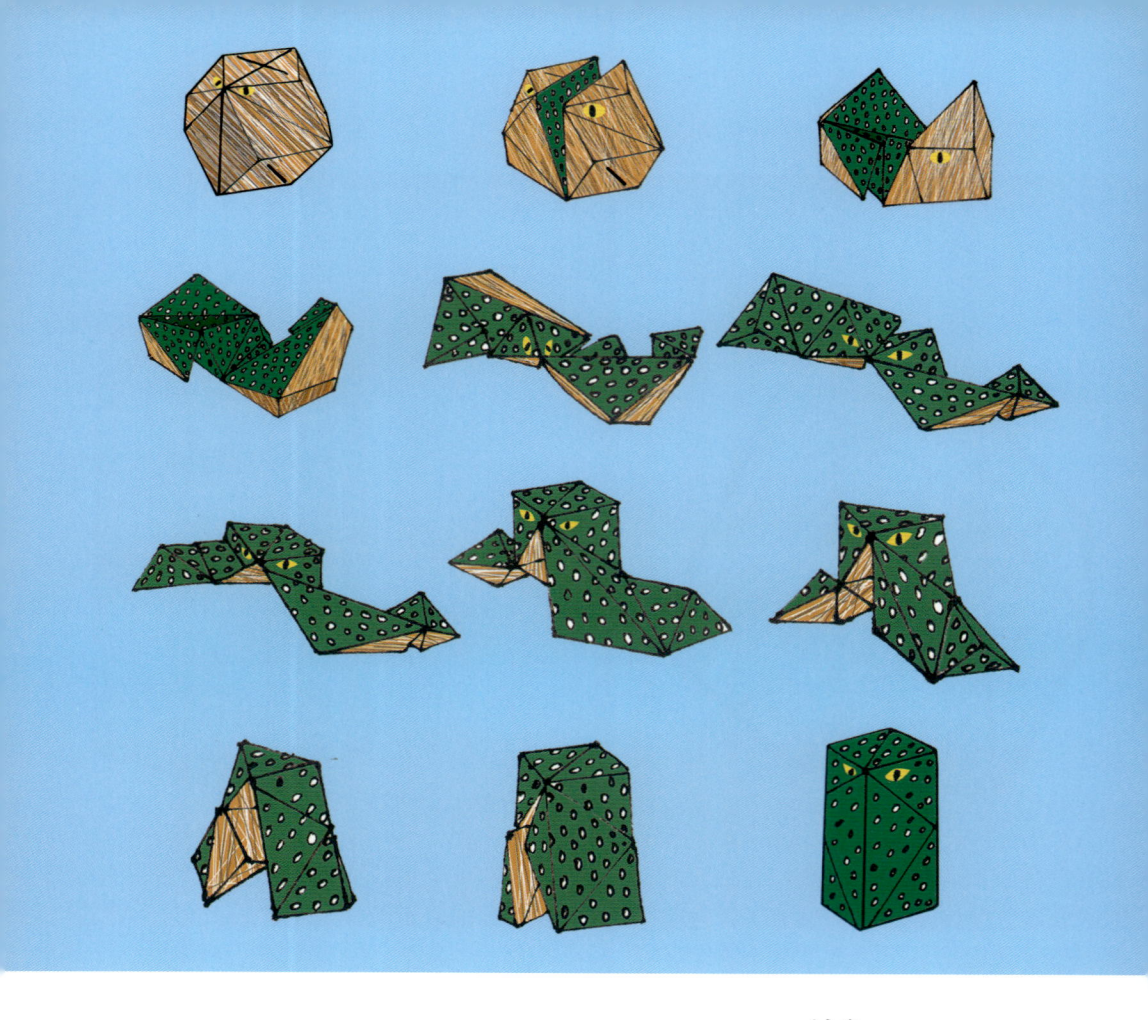

ヤマアキ先生が、いまのキツネからヘビへの変身の様子をゆっくりと再現してみせてくれたので、こどもたちは何が起きたのかをジックリ観察することができた。
　「ある立体をうまく切ると（ただし、各断片がバラバラにならずひとつながりになるように、どの断片も他の断片と1辺を共有するように切るんだよ）、外面と内面を入れ替えて体積の同じ別の立体に変身させることができるんだよ。こういう立体を"リバーシブル立体"と呼んでいるんだ。
　ある立体を切って、内と外を入れ替えたら、またもとの立体と同じ形になっちゃったなんていうこともあるんだよ」

ヤマアキ先生は、また別の立体を見せてくれた。その立体には緑色のカメレオンがかかれていた。
　「これは、また別の変身を遂げる切頂八面体（せっちょうはちめんたい）です」ヤマアキ先生が言った。

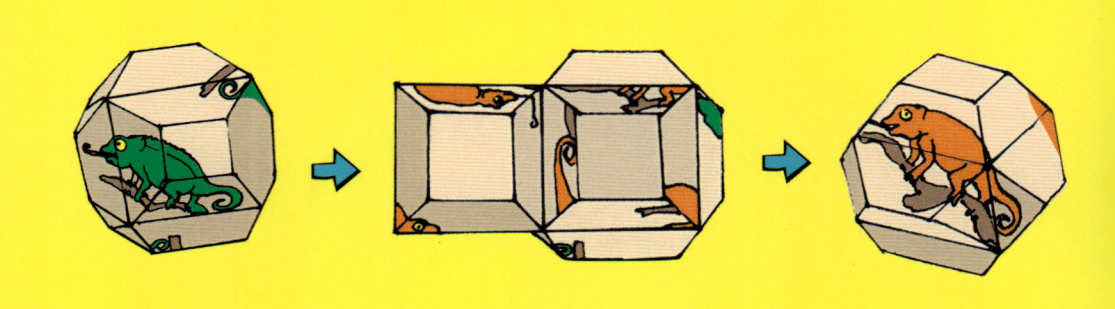

ヤマアキ先生がその立体の内と外を入れ替えると、オレンジ色のカメレオンがかかれた、さっきと合同な切頂八面体（せっちょうはちめんたい）が現れた。
　「このように、この立体は内と外を入れ替えても同じ形に変身する立体の一例なんだね。同じ形に変身するリバーシブル立体を"カメレオン"って呼んでいます」
　ジャイには気づいたことがあった。
　「ということは、内と外を入れ替える変身で、1つの立体が違う2つの立体に変身することもあるってことですか？」ジャイがヤマアキ先生に質問した。
　「すごくいいことに気がついたね」ヤマアキ先生が言った。
　「さっきは、切頂八面体（せっちょうはちめんたい）を直方体に変身させたね。そして、いまはこのカメレオンのかかれている切頂八面体（せっちょうはちめんたい）の内と外を入れ替えて（合同な）切頂八面体（せっちょうはちめんたい）に変身させた。そう！　立体の切り方を変えると、内と外を入れ替えたときに2種類以上の立体に変身できる立体があるんだよ」

「内と外を入れ替えると（体積の等しい）別の立体に変身する立体について研究してきて、これまでそういう立体をたくさん見つけてきました。そのなかのいくつかを作品にしたものをこの部屋に展示しているんだけれど、次の作品はみんなも気に入ってくれるんじゃないかな」
　ヤマアキ先生は、今度は、ブタのようなペイントが施された立体を手にとった。ジャイはこの立体が切頂八面体だということに気がついていた。
　そのブタ模型には軸が付いていた。
　ヤマアキ先生がその軸をまわすと、ブタ模型の内と外が入れ替わって、なんと直方体状のハムのかたまりに変身した！
　こどもたちは大爆笑だった。

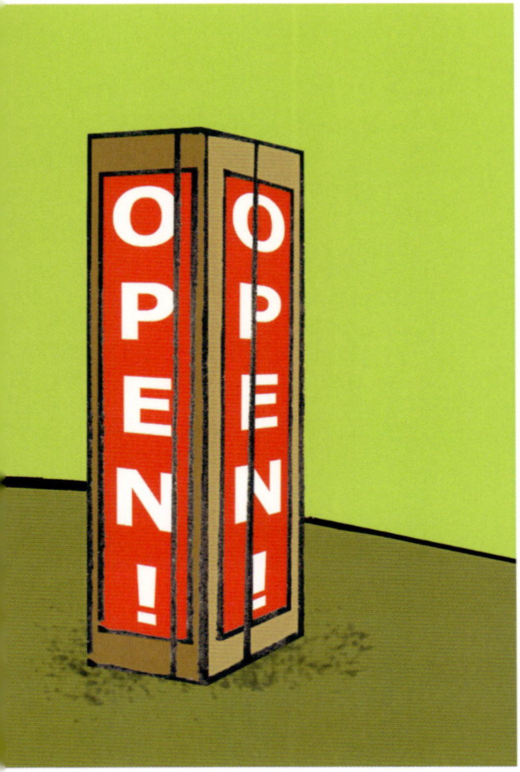
OPEN!
OPEN!

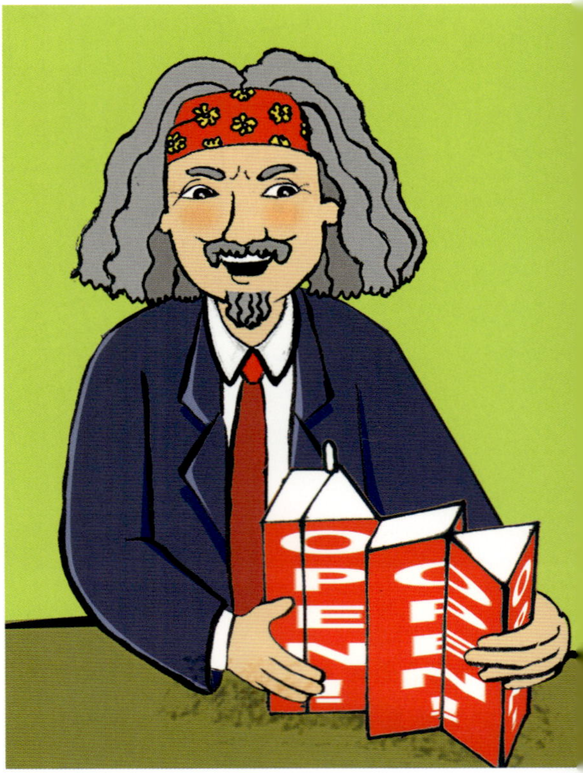
OPEN!
OPEN!

ヤマアキ先生はテーブルの上に置いていた"OPEN！（開店！）"と書かれた三角柱を手にとると、内と外を入れ替えて、"CLOSED！（閉店！）"と書かれた合同な三角柱に変身させた。
　それは、"これで今日のヤマアキ先生の講義はおしまいです"ということを示していた。

3人の少年にとって、大いに楽しみ、驚き、探究心をくすぐられたひとときだった。3人は知性と感性をフルに使ったのでグッタリしていた。
　彼らも、ヤマアキ先生と一緒に写真を撮ろうと列をつくって並んでいるみんなに加わり、写真を撮ってもらった。

16章　家路へ

218

数学ワンダーランドは閉館の時間を迎えようとしていた。
　3人は閉館ギリギリまでいた。借りていたスケートを返却するために、貸し出しカウンターへ向かった。彼らの手には、家に持って帰る課題プリントと自分でつくったエッシャー風作品、そして紙をひねって切ってできた作品が握られていた。
　カウンターに向かう途中、TVスクリーンがずらっと並んでいた。スクリーンごとに、違う作品を使って講義するヤマアキ先生が映っていた。
　「あぁそうかぁ！　どうしてヤマアキ先生に見覚えがあったのか、わかったよぉ！　TVで見たことがあったんだぁ」イチローが言った。

　3人は再びケイコに出くわした。彼女は3人に寄せ書き帳を見せながら、
　「来館者に、このノートに意見や感想を書いてもらっているの。君たちも何か書く？」
　3人は順番に感想を綴った。

ぼくは、これまで数学が好きじゃなかった。だけど、いまは好きになれたような気がします。四角い穴をあけるマシンが最高でした！ GCMとLCMを算出する装置もね。

イチロー

　数学っておもしろい！ でも、そのことを、今日ここに来るまで、ぼくは知らなかった。サイクロイド滑り台が一番気に入りました。
　ところで、定幅ローラースケートは、どこで買えるんでしょうか？

キノ

　驚くこと、知的好奇心がくすぐられることの連続でした！ 今日ほど頭を使わなくちゃいけなかった日はありません。でも、とっても楽しかったです。僕も数学者になれるかなぁ？

ジャイ

P.S.　今日、1日だけでは全部見ることはできませんでした。また来ます！

3人はとても疲れていたので、家に向かうバスのなかは静かだった。それぞれが自分自身の思いに浸っていた。

222

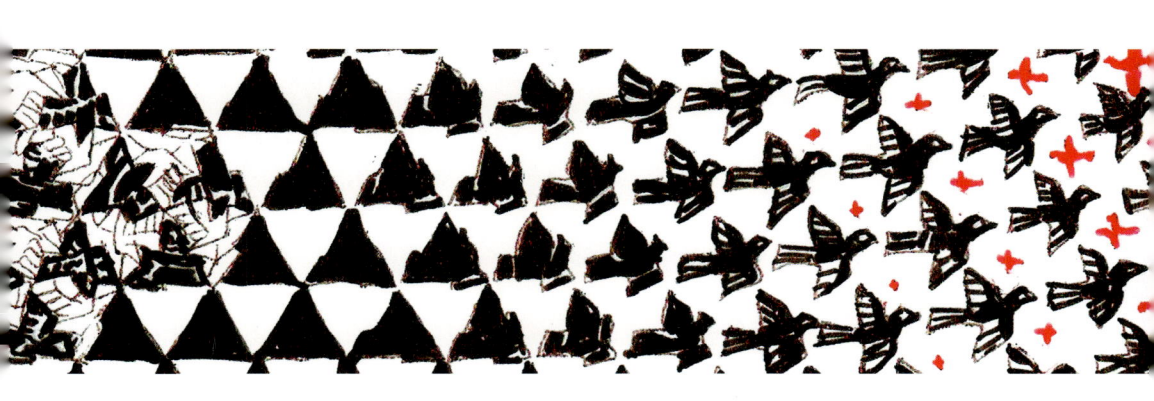

イチローは、"おばあちゃんの言ってたことが結局正しかったなぁ"と思っていた。ワンダーランドはものすごく楽しいところだった。数学はおもしろくなりうるのだ。絡み合ったハートはおばあちゃんに、エッシャー風作品はおかあさんにプレゼントしよう。たぶん、おかあさんは、自分の部屋に飾っているエッシャーのリトグラフのよこに、僕の作品をかけてくれるだろう。

　キノは、今日体験した楽しかった作品を1つずつ思い出していた。今日ワンダーランドで体験したことを、ケンタロウより上手にみんなに伝えるには、どう話したらよいか考えていた。

　ジャイは覚えておこうと思ったことを1つずつ思い出しながら、家に帰ったら取り組む実行計画を練っていた。

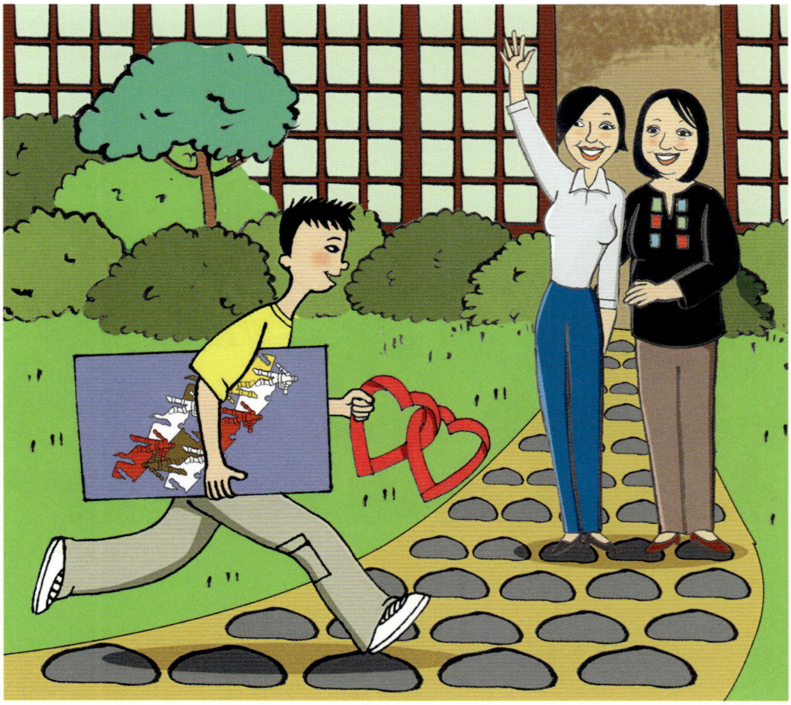

謝　　辞

　本書が世に出るに至るまで、沢山の人々からの御支援と御協力をいただきました。本当に有り難うございました。なかでも、以下の方々には特にお世話になりました。厚く御礼申し上げます。

Joseph O'Rourke（ジョセフ・オルーク）教授
　四角い車輪の自転車がこの世に存在し、それがアメリカのいくつかの博物館に展示されていること、そしてそれらがStan Wagon（スタン・ワゴン）教授の手によるものであることを教えていただきました。

Erik D. Demaine（エリック・D. ドメイン）教授
　一刀斬りに関する最新の研究について、第一人者の彼から直接教えてもらいました。また、秋山が担当したNHKのTV講座「それいけ算数」には、エリック教授の好意により、彼が設計した一刀斬りの美しい図案作品を提供してもらいました。

Sebastian Von Wuthenau Mayer（セバスチャン・フォン・ウザノー・メイヤー）氏とClaudia Masferrer Leon（クラウディア・マスフェレー・レオン）氏
　本書で"不思議なスケート車輪"として紹介した定幅車輪とルーローの三角軸のカラクリを考案したのは、著者たちの友人Urrutia Jorge（ウルティア・ホルヘ）教授の学生（当時）だった彼ら2人です。

山口康之氏と神崎実氏
　数学ワンダーランドに展示されていた作品の多くを制作したのは彼ら2人の芸術家です。制作には10年もの歳月を要しました。

川添良幸教授と佐藤郁郎氏
　本書で紹介した三角穴と五角穴をあけるドリル装置を実際に金属で製作していただきました。

佐藤郁郎氏と中川宏氏
　本書の中で"匠のロクヨン面体"と呼んでいる空間充てん立体について教えていた

だきました。

The M.C. Escher Company-Holland
　本書へのエッシャー作品の掲載を許諾していただきました。

注　釈

　The Hyatt Co.が四角い穴をあけるドリルに対して1921年にアメリカで特許を取得しています。このドリルは、刃が固定されていて枠のほうが回転する仕組みになっています。このドリルは、200kg近くもの重さのある、とても大掛かりな装置です。数学ワンダーランドで展示されているドリルは、上記のドリルを参考にし教材用に改良したものです。持ち運びのできる軽量サイズ（約2kg）で、枠が固定され刃のほうが軸を動かしながら回転して（変心軸）ほぼ正方形の穴をあけます。

　正規分布を解説するための"ガルトン・クゥインカンクス"と呼ばれるボード状の装置をFrancis Galton（フランシス・ガルトン）が1889年に設計しています。本書の6章で紹介した数学ワンダーランドのパチンコ装置の上面はガルトンの装置と同じ仕組みです。しかし、再現性を考慮して、底面部をゆりかご状にして玉の移動が楽に行えるように改良されています。

参考文献

全般的に

『マセマティカル・アート展図録』,東海大学教育開発研究所編,1999

『ICME 9 マセマティカルアート図録』,東海大学教育開発研究所 & ICME 9 事務局（千葉コンベンション・ビューロー）編,2000

2 章

秋山仁,『誰かに解かせたくなる算数・数学の本』,幻冬舎,1999

C. Gardner, *Unexpected Hanging and Other Mathematical Diversions*, Simon and Schuster, Inc., New York, 1974

P. Rexford, "Sunk Ships Sail Again in Coins," The Washington Times, Sept. 6, 2006

S. von Wuthenau Mayer and C. Masferrer Leon, private communication

http://www.cut-the-knot.org/do_you_know/cwidth.shtml
http://www.engin.swarthmore.edu/~nlaport1/wankel.html

3 章

W. Dunham, *Journey Through Genius*, Penguin Books, New York, 1990

D. H. Shin and S. Singh, Path Generation for Robot Vehicles Using Composite Clothoid Segment, tech report CMU-RI-TR-90-31, Robotics, Carnegie Mellon University, 1990

S. Wagon, *Mathematica in Action*, W. H. Freeman and Company, New York, 1991

D. Wells, *The Penguin Dictionary of Curious and Interesting Geometry*, Penguin Books, London, 1991

http://cage.rug.ac.be/~hs/wheels.html
http://ffden2.phys.uaf.edu/211_fall2002.web.dir/Shawna_Sastomoinen/Clothoid_Loop.htm
http://ffden2.phys.uaf.edu/211_fall2002.web.dir/Shawna_Sastomoinen/Roller_Coasters.htm
http://knuttz.net/hosted_pages/Eejanaika-Roller-Coaster
http://mathworld.wolfram.com/Tautochrone_Problem.html
http://mathworld.wolfram.com/Cycloid.html
http://www.2dcurers.com/spiral/spirale.html
http://www.phy6.org/stargaze/Sclothoid.htm
http://www.teachingtools.com/GoFigure/FlyerCarpets.htm
http://xahlee.org/SpecialPlaneCurves_dir/Epitrochoid_dir/epitrochoid.html
Math Trek: Riding on Square Wheels by I. Peterson in
http://www.sciencenews.org/20040403/mathtrek.asp

4章

秋山仁 他，『作って試して納得数学 上下』，数研出版，1999

C. B. Boyer, *A History of Mathematics*, John Wiley & Sons, Inc., New York, 1968

I. Moscovich, *Leonardo's Minor and Other Puzzles*, Sterling Publishing Co., Inc., N.Y. 2004

How Did Pythagoras Do It? by E. von Glaserfield in
http://www.univie.ac.at/constructivism/EvG/

5章

http://www.us.es/ewcg04/cosmoakiyama.pdf

6章

J. Akiyama and N. Torigoe, Teaching probability distributions with a cradle pinball device, Proc. 8th Southeast Asian Conf. on Math. Ed., Ateneo de Manila University, 1999, 69-76

http://www.subtangent.com/maths/ig-quincunx.php

9章

G. David and C. Tomei, The problem of the calissons, *American Math. Monthly*, 96, 5 (1989) 429-431

10章

C. Clawson, *Mathematical Sorcery*, Plenum Trade, New York, 1999

R. Cooke, *The History of Mathematics*, John Wiley & Sons, Inc., New York, 1997

S.A. Garfunkel et al., *For All Practical Purposes: Introduction to Contemporary Mathematics* (4th ed.), W. H. Freeman and Company, New York, 1997

D. Hilbert and S. Cohn-Vossen, *Auschailiche Geometrie*, Verlag von Julius Springer, Berlin, 1932

M. Sobel and N. Lerner, *Algebra and Trigonometry* (5th ed.), Prentice-Hall, Englewood Cliffs, N.J., 1995
http://www.us.es/ecwg04/cosmoakiyama.pdf

11章

M. Gardner, *Are Universes Thicker than Blackberries?*, W.W. Norton and Company, New York, 2003
坪田耕三, 『算数楽しく ハンズオン・マス』, 教育出版, 2004

12章

E. Demaine and M. Demaine, *Fold and Cut Magic in Tribute to a Mathemagician*, B. Cipra, et al. (eds.), A.K. Peters Limited, Wellesley, MA., 2005

E. Demaine, M.Demaine, Folding and Cutting Paper, Revised Papers from the Japan Conference on *Discrete and Comput. Geom.*, LCNS 1998, J. Akiyama, M. Kano and M. Urabe (eds.), Springer-Verlag (1998), 104-117

13章

J. Akiyama, Tilemakers and semi-tilemakers, *American Math. Monthly*, 114

(2007), 602-609

J. Akiyama, *You Can Be an Artist like Escher: Art from Tilings of Plane*, Research Institute of Educational Development, Tokai University, Tokyo, 2006

D. Schattschneider, *M.C. Escher: Visions of Symmetry*, W.H. Freeman and Company, New York, 1990

14章

J. Akiyama and G. Nakamura, A lesson on double packable solids, *Teaching Mathematics and its Applications*, 18 No.1, Oxford University Press (1999) 30-33

佐藤郁郎, 中川宏, 『多面体木工』, NPO法人科学協力学際センター, 仙台, 2006

15章

J. Akiyama and G. Nakamura, Dudeney dissections of polygons and polyhedrons, a survey, *Discrete and Comput. Geom.*, LCNS 2098, J. Akiyama, M. Kano and M. Urabe (eds.), Springer-Verlag (2001) 1-30

[監訳者略歴]

秋山　仁（あきやま　じん）

東海大学教育開発研究所所長（離散幾何学・グラフ理論）。東京生まれ。上智大学大学院修士課程修了。理学博士。日本医科大学助教授、米・ミシガン大学研究員、東京理科大学教授などを歴任。著書に『秋山仁の放課後無宿』（朝日新聞出版）、『知性の織りなす数学美』（中央公論新社）、『A Day's Adventure in Math Wonderland』（World Scientific）など多数。

[翻訳者略歴]

松永清子（まつなが　きよこ）

早稲田大学理工学部数学科卒。ライター。著書に『ガードナーのおもしろ科学実験』（共著、東海大学出版会）、『難問とその解法−幾何・組合せ』（共訳、Springer-Verlag）、『名作から学ぶ奇想天外数学的発想法』（共著、数研出版）、『数学は生きている』（共訳、東海大学出版会）、『秋山仁のこんなところにも数学が！』（共著、扶桑社）など多数。

数学ワンダーランドへの１日冒険旅行

© 2010 by Jin Akiyama & Kiyoko Matsunaga
Printed in Japan

2010年2月28日　初版第1刷発行

原著者　秋山　仁
　　　　マリジョー・ルイス
監訳　　秋山　仁
翻訳　　松永清子
発行者　千葉秀一
発行所　株式会社　近代科学社
　〒162-0843　東京都新宿区市谷田町2-7-15
　電話 03(3260)6161　振替 00160-5-7625

三美印刷(株)

ISBN978-4-7649-0386-9
定価はカバーに表示してあります。